算法训练营

提高篇 （全彩版）

陈小玉◎著

感受信息科技的魅力
享受充满快乐的生活

陈小玉

电子工业出版社
Publishing House of Electronics Industry
北京·BEIJING

内 容 简 介

本书图文并茂、通俗易懂，详细讲解常用的算法知识，又融入大量的竞赛实例和解题技巧，可帮助读者熟练应用各种算法解决实际问题。

本书总计 8 章。第 1 章讲解 STL，涉及双端队列、优先队列、位图、集合、映射和 STL 中的常用函数；第 2 章讲解实用的数据结构，涉及并查集、倍增、稀疏表、区间最值查询、最近公共祖先、树状数组和线段树；第 3 章讲解查找算法，涉及散列表、字符串模式匹配和字典树；第 4 章讲解平衡树，涉及树高与性能、平衡二叉搜索树、树堆和伸展树；第 5 章讲解图论提高方面的知识，涉及连通图与强连通图、桥与割点、双连通分量的缩点和 Tarjan 算法；第 6 章讲解图论算法，涉及最小生成树、最短路径、拓扑排序和关键路径；第 7 章讲解搜索算法提高方面的知识，涉及剪枝优化、嵌套广度优先搜索、双向广度优先搜索和启发式搜索；第 8 章讲解动态规划提高方面的知识，涉及树形动态规划、状态压缩动态规划和动态规划优化。

本书面向对算法感兴趣的读者，无论是想扎实内功或参加算法竞赛的学生，还是想进入名企的学生、求职者，抑或是想提升核心竞争力的在职人员，都可以参考本书。若读者想系统学习数据结构与算法，则可参考《算法训练营：入门篇》（全彩版）和《算法训练营：进阶篇》（全彩版）。

图书在版编目（CIP）数据

算法训练营. 提高篇：全彩版 / 陈小玉著.
北京：电子工业出版社，2024. 11. -- ISBN 978-7-121-49072-9

Ⅰ. TP301.6

中国国家版本馆 CIP 数据核字第 2024VQ3754 号

责任编辑：张国霞
印　　刷：天津千鹤文化传播有限公司
装　　订：天津千鹤文化传播有限公司
出版发行：电子工业出版社
　　　　　北京市海淀区万寿路 173 信箱　　邮编 100036
开　　本：720×1000　1/16　印张：17.75　字数：357.8 千字
版　　次：2024 年 11 月第 1 版
印　　次：2024 年 11 月第 1 次印刷
印　　数：3000 册　定价：128.00 元

凡所购买电子工业出版社图书有缺损问题，请向购买书店调换。若书店售缺，请与本社发行部联系，联系及邮购电话：（010）88254888，88258888。

质量投诉请发邮件至 zlts@phei.com.cn，盗版侵权举报请发邮件至 dbqq@phei.com.cn。

本书咨询联系方式：faq@phei.com.cn。

前　言

目前，信息技术已被广泛应用于互联网、金融、航空、军事、医疗等各个领域，未来的应用将更加广泛和深入。并且，很多中小学都开设了计算机语言课程，越来越多的中小学生对编程、算法感兴趣，甚至在 NOIP、NOI 等算法竞赛中大显身手，进入名校深造。对信息技术感兴趣的大学生通常会参加 ACM-ICPC、CCPC、蓝桥杯等算法竞赛，其获奖者更是被各大名企所青睐。

学习算法，不仅可以帮助我们具备较强的思维能力及解决问题的能力，还可以帮助我们快速学习各种新技术，拥有超强的学习能力。

写作背景

很多读者都觉得算法太难，市面上晦涩难懂的各种教材更是"吓退"了一大批读者。实际上，算法并没有我们想象中那么难，反而相当有趣。

每当有学生说看不懂某个算法的时候，笔者就会建议其画图。画图是学习算法最好的方法，因为它可以把抽象难懂的算法展现得生动形象、简单易懂。笔者曾出版《算法训练营：海量图解+竞赛刷题》（入门篇）和《算法训练营：海量图解+竞赛刷题》（进阶篇），很多读者非常喜欢其中的海量图解，更希望看到这两本书的全彩版。经过一年的筹备，笔者对上述书中的所有图片都重新进行了绘制和配色，并精选、修改、补充和拆分上述书中的内容，形成了《算法训练营：入门篇》（全彩版）、《算法训练营：提高篇》（全彩版）和《算法训练营：进阶篇》（全彩版），本书就是其中的《算法训练营：提高篇》（全彩版）。在此衷心感谢各位读者的大力支持！

本书详细讲解常用的算法知识，还增加了 STL 的内容。本书不是知识点的堆砌，也不是粘贴代码而来的简单题解，而是将知识点讲解和对应的竞赛实例融会贯通，读者可以在轻松阅读本书的同时进行刷题实战，在实战中体会算法的妙处，感受算法之美。

学习建议

学习算法的过程，应该是通过大量实例充分体会遇到问题时该如何分析：用什么数据结构，用什么算法和策略，算法复杂度如何，是否有优化的可能，等等。这里有以下几个建议。

第 1 个建议：学经典，多理解。

算法书有很多，初学者最好选择图解较多的入门书，当然，也可以选择多本书，从多个角度进行对比和学习。先看书中的图解，理解各种经典问题的求解方法，如果还不理解，则可以看视频讲解，理解之后再看代码，尝试自己动手上机运行。如有必要，则可以将算法的求解过程通过图解方式展示出来，以加深对算法的理解。

第 2 个建议：看题解，多总结。

在掌握书中的经典算法之后，可以在刷题网站上进行专项练习，比如练习贪心算法、分治算法、动态规划等方面的题目。算法比数据结构更加灵活，对同一道题目可以用不同的算法解决，算法复杂度也不同。如果想不到答案，则可以看题解，比较自己的想法与题解的差距。要多总结题目类型及最优解法，找相似的题目并自己动手解决问题。

第 3 个建议：举一反三，灵活运用。

通过专项刷题做到"见多识广"，总结常用的算法模板，熟练应用套路，举一反三，灵活运用，逐步提升刷题速度，力争"bug free"（无缺陷）。

本书特色

本书具有以下特色。

（1）完美图解，通俗易懂。本书对每个算法的基本操作都有全彩图解。通过图解，许多问题都变得简单，可迎刃而解。

（2）实例丰富，简单有趣。本书结合了大量竞赛实例，讲解如何用算法解决实际问题，使复杂难懂的问题变得简单有趣，可帮助读者轻松掌握算法知识，体会其中的妙处。

（3）深入浅出，透析本质。本书透过问题看本质，重点讲解如何分析和解决问题。本书采用了简洁易懂的代码，对数据结构的设计和算法的描述全面、细致，而且有算法复杂度分析及优化过程。

（4）实战演练，循序渐进。本书在讲解每个算法后都进行了实战演练，使读者在实战中体会算法的设计思路和使用技巧，从而提高独立思考、动手实践的能力。书中有丰富的练习题和竞赛题，可帮助读者及时检验对所学知识的掌握情况，为从小问题出发且逐步解决大型复杂性工程问题奠定基础。

（5）网络资源，技术支持。本书为读者提供了配套源码、课件、视频，并提供了博客、微信群、QQ 群技术支持，可随时为读者答疑解惑。

建议和反馈

写书是极其琐碎、繁重的工作，尽管笔者已经竭力使本书内容、网络资源和技术支持接近完美，但仍然可能存在很多漏洞和瑕疵。欢迎读者反馈关于本书的意见，因为这有利于我们改进和提高，以帮助更多的读者。如果对本书有意见和建议，或者有问题需要帮助，则都可以加入 QQ 群 281607840，也可以致信 rainchxy@126.com 与笔者交流，笔者将不胜感激。

对于本书提供的读者资源，可参照本书封底的"读者服务"信息获取。

致谢

感谢笔者的家人和朋友在本书写作过程中提供的大力支持。感谢电子工业出版社工作严谨、高效的张国霞编辑，她的认真、负责促成了本书的早日出版。感谢中国计算机学会常务理事李轩涯老师的帮助。感谢码蹄集平台的大力支持。感谢提供了宝贵意见的同事们。感谢提供了技术支持的同学们。感恩遇到这么多良师益友！

目 录

第 1 章

STL

1.1 deque（双端队列）

deque 是双端队列。双端队列可以在两端入队和出队，支持数组表示法和随机访问，适用于经常需要在序列两端操作的场景。用 deque 时，需要引入头文件#include<deque>。deque 的成员函数如下。

- push_front(x)、push_back(x)：将 x 从队头入队、将 x 从队尾入队。
- pop_front()、pop_back()：从队头出队、从队尾出队。
- front()、back()：返回队头元素、返回队尾元素。
- size()：返回双端队列中的元素数量。
- empty()：判断双端队列是否为空，若为空，则返回 true，否则返回 false。
- clear()：清空双端队列。

📝 训练 度度熊学队列

题目描述（**HDU6375**）：度度熊正在学习双端队列，它对翻转和合并产生了很大的兴趣。初始时有 n 个空的双端队列（编号为 1~n），度度熊的 m 次操作有 3 种类型。

操作①1 u w val：在双端队列 u 中添加一个元素 val（w=0 表示添加在最前面，w=1 表示添加在最后面）。

操作②2 u w：查询双端队列 u 中的某个元素并删除它（w=0 表示查询并删除最前面的元素，w=1 表示查询并删除最后面的元素）。

操作③3 u v w：将双端队列 v 拼接在双端队列 u 的后面。w=0 表示顺序拼接（将双端队列 v 的开头和双端队列 u 的结尾连在一起，将双端队列 v 的结尾作为新双端队列的结尾），w=1 表示逆序拼接（首先将双端队列 v 翻转，再将其顺序拼接在双端队列 u 的后面）。在该操作完成后，原双端队列 v 被清空。

输入：输入多组数据。每组数据的第 1 行都为两个整数 n 和 m。接下来有 m 行，每行都有 3 或 4 个数，含义如上。$n \leq 1.5 \times 10^5$，$m \leq 4 \times 10^5$，$1 \leq u, v \leq n$，$0 \leq w \leq 1$，$1 \leq val \leq 10^5$；所有数据里 m 的和都不超过 5×10^5。

输出：对于每组数据的每个操作②，都输出一行表示答案。若操作②的双端队列是空的，则输出 −1 且不执行删除操作。

输入样例	输出样例
2 10	23
1 1 1 23	−1
1 1 0 233	2333
2 1 1	233
1 2 1 2333	23333
1 2 1 23333	
3 1 2 1	
2 2 0	
2 1 1	
2 1 0	
2 1 1	

提示：由于读入的数据量过大，所以建议进行读入优化。一个简单的读入优化代码模板如下。

```
void read(int &x){ //读入数值 x
    char ch=getchar();x=0; //读入某个字符
    for(;ch<'0'||ch>'9';ch=getchar()); //跳过非数字字符
    for(;ch>='0'&&ch<='9';ch=getchar()) x=x*10+ch-'0'; //将数字字符转换为数值
}
```

1. 算法设计

本题描述的是双端队列，可以用 deque 解决。

（1）定义一个双端队列类型的数组 d[]。

（2）判断并分别执行 3 种操作。对于操作②，需要输出结果。

（3）对于操作③，由于双端队列不支持翻转，因此用反向迭代器实现翻转。

```
if(w) //逆序拼接（用反向迭代器将双端队列 v 逆序拼接在双端队列 u 的后面）
    d[u].insert(d[u].end(),d[v].rbegin(),d[v].rend());
else //顺序拼接
    d[u].insert(d[u].end(),d[v].begin(),d[v].end());
d[v].clear(); //清空双端队列 v
```

对本题也可以用 list 来处理。list 是双向链表，双向链表支持翻转和拼接。首先定义一个双向链表类型的数组 ls[]，对于操作③，双向链表支持翻转，其拼接函数 splice() 可以将另一个链表 v 拼接到当前链表的 pos 位置之前，并自动清空原双向链表 v，而且时间复杂度为常数。

```
if(w)
    ls[v].reverse(); //将双向链表 v 翻转
ls[u].splice(ls[u].end(),ls[v]); //将双向链表 v 拼接到双向链表 u 的后面
                                 //splice()会自动清空原双向链表 v
```

2. 算法实现

```
deque<int> d[maxn]; //定义一个双端队列类型的数组
int main(){
    while(~scanf("%d%d",&n,&m)){
        for(int i=1;i<=n;i++)
            d[i].clear(); //清空 n 个双端队列
        int k,u,v,w;
        while(m--){
            read(k);//读入 k
            switch(k){
            case 1:  //操作①
                read(u),read(w),read(v);//读入 u、w、v
                if(w==0)
                    d[u].push_front(v);//从队头入队
                else
                    d[u].push_back(v); //从队尾入队
                break;
            case 2: //操作②
                read(u),read(w); //读入 u、w
                if(d[u].empty()) //如果双端队列 u 为空, 则输出-1
                    printf("-1\n");
                else{
                    if(w==0){ //从队头出队
                        printf("%d\n",d[u].front());
                        d[u].pop_front();
                    }
                    else{ //从队尾出队
                        printf("%d\n",d[u].back());
                        d[u].pop_back();
                    }
                }
                break;
            case 3://操作③
                read(u),read(v),read(w); //读入 u、v、w
                if(w) //逆序拼接（用反向迭代器实现）
                    d[u].insert(d[u].end(),d[v].rbegin(),d[v].rend());
                else //顺序拼接（将双端队列 v 顺序拼接在双端队列 u 的后面）
                    d[u].insert(d[u].end(),d[v].begin(),d[v].end());
                d[v].clear(); //清空原双端队列 v
```

```
            break;
        }
    }
}
    return 0;
}
```

1.2 priority_queue（优先队列）

priority_queue 是优先队列。在优先队列中，优先级高的先出队，默认最大值优先。优先队列的内部实现为堆，出队和入队的时间复杂度均为 $O(\log n)$。可以自定义优先级控制操作顺序，对于数值，可以通过加负号的方式实现最小值优先。优先队列不支持删除指定的元素，只支持删除队头元素，若需要删除指定的元素，则可以进行懒操作。用 priority_queue 时，需要引入头文件#include <queue>。

priority_queue 的成员函数如下。

- push(x)：将 x 入队。
- pop()：出队。
- top()：取队头元素。
- size()：返回优先队列中的元素数量。
- empty()：判断优先队列是否为空，若为空，则返回 true，否则返回 false。

训练 1 第 k 大的数

题目描述（**HDU4006**）：小明和小宝正在玩数字游戏。游戏有 n 轮，小明在每轮游戏中都可以写一个数，或者询问小宝第 k 大的数是什么（第 k 大的数指有 k–1 个数比它大）。游戏格式：I c，表示小明写了一个数 c；Q，表示小明询问第 k 大的数。请对小明的每次询问都给出第 k 大的数。

输入：输入多个测试用例。每个测试用例的第 1 行都为两个正整数 n、k（1≤k≤n≤1 000 000），分别表示 n 轮游戏和第 k 大的数。然后是 n 行，格式为 I c 或 Q。

输出：对于每次询问 Q，都单行输出第 k 大的数。

输入样例	输出样例
8 3	1
I 1	2
I 2	3
I 3	
Q	
I 5	
Q	

```
I 4
Q
```

提示：当写下的数的数量小于 k 时，小明不会询问小宝第 k 大的数是什么。

题解：本题数据量很大，直接求解或排序肯定超时，可以用优先队列解决。

1. 算法设计

（1）用优先队列（最小值优先）存储最大的 k 个数。

（2）插入。插入元素 c，若优先队列中的元素数量小于 k，则 c 入队；否则若 c 大于队头元素，则队头元素出队，c 入队。

（3）查询。查询第 k 大的数，直接输出队头元素即可。

2. 完美图解

根据输入样例，操作过程如下。

（1）插入。I1：元素数量小于 3，1 直接入队。I2：元素数量小于 3，2 直接入队。I3：元素数量小于 3，3 直接入队。优先队列的内部实现为堆，堆顶就是队头。

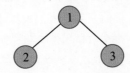

（2）查询。查询第 3 大的数，队头元素 1 为第 3 大的数。

（3）插入。I5：元素数量不小于 3，5 比队头元素 1 大，队头元素 1 出队，5 入队。

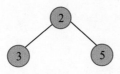

（4）查询。查询第 3 大的数，队头元素 2 为第 3 大的数。

（5）插入。I4：元素数量不小于 3，4 比队头元素 2 大，队头元素 2 出队，4 入队。

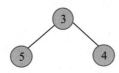

（6）查询。查询第 3 大的数，队头元素 3 为第 3 大的数。

3. 算法实现

```
priority_queue<int,vector<int>,greater<int> >q;//定义一个优先队列, 最小值优先
while(~scanf("%d%d",&n,&k)){
    while(q.size())//初始化优先队列为空
```

```
    q.pop(); //出队
for(i=1;i<=n;i++){
    cin>>c;
    if(c=='I'){
        scanf("%d",&num);//读入元素
        if(q.size()<k)  //优先队列的元素数量小于 k
            q.push(num);//入队
        else if(q.top()<num)  //当队头元素小于当前元素时
            q.pop(),q.push(num);//队头元素出队，当前元素入队
    }                       //在优先队列中永远存储最大的 k 个元素
    else
        printf("%d\n",q.top()); //队头元素为第 k 大的数
}
}
```

🖉 训练 2　表演评分

题目描述（POJ2833）：在演讲比赛中，评委对参赛者的演讲进行评分。评分方法：给定 n 个正整数评分，删除最大的 n_1 个评分和最小的 n_2 个评分，将其余评分的平均数作为参赛者的最终成绩。请给出参赛者的最终成绩。

输入：输入几个测试用例。每个测试用例都包含两行：第 1 行为 3 个整数 n_1、n_2 和 n（$1 \leqslant n_1, n_2 \leqslant 10$，$n_1 + n_2 < n \leqslant 5 \times 10^6$）；第 2 行为 n 个正整数 a_i（$1 \leqslant a_i \leqslant 10^8$，$1 \leqslant i \leqslant n$）。在最后一个测试用例后面跟 3 个 0。

输出：对于每个测试用例，都单行输出参赛者的最终成绩，保留小数点后 6 位。

输入样例
1 2 5
1 2 3 4 5
4 2 10
2121187 902 485 531 843 582 652 926 220 155
0 0 0

输出样例
3.500000
562.500000

提示：本题的数据量很大，可能超出计算机的内存限制。对 C++ I/O，建议用 scanf 和 printf。

题解：不要存储所有数据，只用两个优先队列分别存储最大的 n_1 个数和最小的 n_2 个数即可。

1. 算法设计

定义两个优先队列 q_1 和 q_2：q_1 最大值优先，存储最小的 n_2 个数；q_2 最小值优先，存储最大的 n_1 个数。首先将评分总和减去这两个优先队列中的元素值，然后求平均数。

2. 算法实现

```
priority_queue<int> q1;//最大值优先，存储最小的 n2 个数
priority_queue<int,vector<int>,greater<int> > q2;//最小值优先，存储最大的 n1 个数
sum=0;
for(i=0;i<n;i++){
    scanf("%d",&x);
    sum+=x;//累加评分总和
    q1.push(x);  //首先入队
    q2.push(x);
    if(q1.size()>n2)
        q1.pop();//抛弃最大值，存储最小的 n2 个数
    if(q2.size()>n1)
        q2.pop();//抛弃最小值，存储最大的 n1 个数
}
while(!q1.empty()){//减去最小的 n2 个数
    sum-=q1.top();
    q1.pop();
}
while(!q2.empty()){//减去最大的 n1 个数
    sum-=q2.top();
    q2.pop();
}
printf("%.6lf\n",1.0*sum/(n-n1-n2));//注意：元素数量为 n-n1-n2
```

1.3 bitset（位图）

bitset 是位图。位图是一个多位二进制数，每一位都存放某种状态，适用于有海量数据、数据无重复的场景，例如：快速查找某个数据是否在一个集合中；排序及去重；求两个集合的交集、并集等；标记操作系统中的磁盘块。用 bitset 时，需要引入头文件#include<bitset>。

"bitset<1000>s;" 表示定义一个 1000 位的二进制数 s，右侧为低位，左侧为高位，其位序自右向左为 0～999。既可以通过 "[]" 操作符直接得到第 k 位的值，也可以通过赋值操作改变该位的值。例如 "s[k]=1" 表示将二进制数 s 的第 k 位设置为 1。基本的位运算有~（取反）、&（与）、|（或）、^（异或）、>>（右移）、<<（左移）、==（相等比较）、!=（不相等比较）。

bitset 的成员函数如下。

- count()：统计有多少位是 1。
- any()：若至少有一位是 1，则返回 true，否则返回 false。
- none()：若没有位是 1（全为 0），则返回 true，否则返回 false。
- set()：将所有位都设置为 1。

- set(k)：将第 k 位设置为 1，即 s[k]=1。
- set(k,val)：将第 k 位设置为 val，即 s[k]=val。
- reset()：将所有位都设置为 0。
- reset(k)：将第 k 位设置为 0，即 s[k]=0。
- flip()：将所有位都取反。
- flip(k)：将第 k 位取反。
- size()：返回位图的大小（位数）。
- to_ulong()：返回将它转换为 unsigned long 类型的结果，若超出范围，则报错。
- to_string()：返回将它转换为 string 类型的结果。

1.3.1 定义和初始化

1. 定义位图

在定义位图时，需要在尖括号内给出它的位数。"bitset<32> bitvec;"表示定义 bitvec 为 32 位的位图对象，其位序自右向左为 0～31。下面列出了位图的几种定义方式：

```
bitset<n> b;            //b 有 n 位，每位都为 0
bitset<n> b(u);         //b 是 unsigned long 类型的 u 的一个副本
bitset<n> b(s);         //b 是 string 对象 s 包含的位串的副本
bitset<n> b(s,pos,n);   //b 是 s 中从 pos 位置开始的 n 位的副本
```

2. 用 unsigned 值初始化位图对象

当将 unsigned long 值作为位图对象的初始值时，该值将被转换为二进制位模式，而位图对象中的位集将作为这种位模式的副本。若位图的二进制位数大于 unsigned long 值的二进制位数，则将其余高位设置为 0；若位图的二进制位数小于 unsigned long 值的二进制位数，则只用 unsigned long 值中的低位，丢弃超过位图的二进制位的高位。在有 32 位 unsigned long 值的机器上，十六进制值 0xffff 被表示为二进制位就是 16 个 1 和 16 个 0（每个 0xf 都可被表示为 1111）。可以用 0xffff 初始化位图对象：

```
bitset<16> bitvec1(0xffff); //将第 0～15 位设置为 1
bitset<32> bitvec2(0xffff); //将第 0～15 位设置为 1，将第 16～31 位设置为 0
bitset<128> bitvec3(0xffff);//将第 0～15 位设置为 1，将第 16～127 位设置为 0
```

在上面的 3 个例子中，第 0～15 位都被设置为 1。由于 bitvec1 的二进制位数小于 unsigned long 值的二进制位数，因此 bitvec1 初始值的高位被丢弃。bitvec2 与 unsigned long 值的二进制位数相同，因此所有位正好都被设置为初始值。因为 bitvec3 的二进制位数大于 32，所以 31 位以上的高位都被设置为 0。

输出位图对象：

```
bitset<32> bitvec2(0xffff);
```

```
cout<<"bitvec2: "<<bitvec2<<endl;
bitvec2: 0000000000000000011111111111111111
```

3. 用 string 对象初始化位图对象

当用 string 对象初始化位图对象时，string 对象直接被表示为二进制位模式。若 string 对象的字符数小于位图对象的二进制位数，则位图对象的高位将被设置为 0。

```
string strval("1100");
bitset<32> bitvec4(strval); //bitvec4: 00000000000000000000000000001100
```

⚠️**注意**　string 对象的最右边字符用于初始化位图对象的低位。

```
string str("11111110000000011001101");
bitset<32> bitvec5(str,5,4); //从 str[5]开始取 4 位，即 1100
bitset<32> bitvec6(str,str.size()-4); //取末尾 4 位，即 1101
```

bitvec5(str, 5, 4)表示从 str[5]开始取 4 个字符初始化 bitvec5。若省略第 3 个参数，则表示取从开始位置一直到 string 对象末尾的所有字符。

1.3.2　基本操作

（1）any()、none()。若位图对象至少有一位是 1，则对其进行 any()操作返回 true，否则返回 false。若位图对象没有一位是 1，则对其进行 none()操作返回 true，否则返回 false。

```
bitset<32> bitvec; //32 位，将所有位都设置为 0
bool is_set=bitvec.any();     //所有位都为 0，返回 false
bool is_not_set=bitvec.none(); //所有位都为 0，返回 true
```

（2）count()、size()。count()用于统计位图对象上二进制位是 1 的数量，返回值的类型是 size_t。size()用于返回位图对象的二进制位数，返回值的类型是 size_t。

```
size_t bits_set=bitvec.count();
size_t sz=bitvec.size(); //返回 32
```

（3）set()、test()。可以用下标操作符读或写某个索引位置的二进制位的值。

```
for(int index=0;index!=32;index+=2) //将 bitvec 中偶数下标的位都设置为 1
    bitvec[index]=1;
```

除了用下标操作符，还可以用 set()设置给定二进制位的值。

```
for(int index=0;index!=32;index+=2) //将 bitvec 中偶数下标的位都设置为 1
    bitvec.set(index);
```

为了测试某个二进制位是否为 1，可以用 test()或者下标操作符进行测试。若测试的二进制位为 1，则返回 true，否则返回 false。

```
if(bitvec.test(i))//测试第 i 位是否为 1
if(bitvec[i])     //测试第 i 位是否为 1
```

（4）set()、reset()。set()用于将整个位图对象的所有二进制位都设置为 1，reset()用于将整个位图对象的所有二进制位都设置为 0。

```
bitvec.set();     //将所有二进制位都设置为 1
bitvec.reset();   //将所有二进制位都设置为 0
```

（5）flip()。flip()用于将位图对象的所有位或特定位都按位取反。

```
bitvec.flip(0);   //将第 0 位取反
bitvec[0].flip(); //将第 0 位取反
bitvec.flip();    //将所有位都按位取反
```

（6）to_ulong()。to_ulong()用于返回一个 unsigned long 值，该值与位图对象的二进制位模式存储的值相同。仅当位图的二进制位数小于或等于 unsigned long 值的二进制位数时，才能进行 to_ulong()操作。

```
unsigned long ulong=bitvec3.to_ulong();
cout<<"ulong = "<<ulong<<endl;
```

to_ulong()主要用于把位图对象转到 C 风格或标准 C++之前风格的程序上。若位图对象的二进制位数超过 unsigned long 值的二进制位数，则将产生运行时异常。

（7）to_string()。to_string()主要用于将位图对象转换为字符串。

（8）将十进制数转换为二进制数。通过位图可以将十进制数转换为二进制数。

```
cout<<bitset<x>(y); //输出 y 的二进制数，不足 x 位则高位补 0，否则高位舍去
cout<<bitset<5>(12)<<endl; //输出 01100
```

✎ 训练　集合运算

题目描述（**POJ2443**）：给定 N 个集合，第 i 个集合 S_i 有 C_i 个元素（集合可以包含两个相同的元素）。对集合中的每个元素都用 1～10 000 的整数表示，查询元素 i 和元素 j 是否同时属于至少一个集合。换句话说，确定是否存在一个数字 k（$1 \leq k \leq N$），使得元素 i 和元素 j 都属于 S_k。

输入：第 1 行为一个整数 N（$1 \leq N \leq 1000$），表示集合的数量。第 2～N+1 行，每行都以数字 C_i（$1 \leq C_i \leq 10\ 000$）开始，后面有 C_i 个数字，表示该集合中的元素。第 N+2 行为一个数字 Q（$1 \leq Q \leq 200\ 000$），表示查询次数。接下来的 Q 行，每行都为一对数字 i 和 j（$1 \leq i, j \leq 10\ 000$，i 可以等于 j），表示待查询的元素。

输出：对于每次查询，若存在这样的数字 k，则输出"Yes"，否则输出"No"。

输入样例	输出样例
3	Yes
3 1 2 3	Yes
3 1 2 5	No
1 10	No
4	
1 3	
1 5	
3 5	
1 10	

题解： 本题查询两个元素是否同时属于一个集合（至少一个），可以用位图解决。

输入样例 1：

```
3       //表示 3 个集合
3 1 2 3 //表示第 1 个集合包含 3 个元素 1、2、3
3 1 2 5 //表示第 2 个集合包含 3 个元素 1、2、5
1 10    //表示第 3 个集合包含 1 个元素 10
```

对每个元素都可以用一个二进制数记录所属的集合，最右侧为低位或 0 位。这里首先定义一个位图数组 s[]，例如，1 属于第 1 个集合，就将 1 对应的二进制数的第 1 位设置为 1，即 s[1]=0010；1 还属于第 2 个集合，就将 1 对应的二进制数的第 2 位设置为 1，即 s[1]=0110，表示 1 属于第 1、2 个集合。同理，s[2]=0110，s[3]=0010，s[5]=0100，s[10]=1000。

```
4   //表示查询次数
1 3 //表示查询 1 和 3 是否属于同一集合，只需计算 s[1]&s[3]=0110&0010=0010，统计 1 的数量为 1，
    //即 1 和 3 同时属于集合的数量，输出"Yes"
1 5 //s[1]&s[5]=0110&0100=0100，统计 1 的数量为 1，输出"Yes"
3 5 //s[3]&s[5]=0010&0100=0000，统计 1 的数量为 0，输出"No"
1 10 //s[1]&s[10]=0110&1000=0000，统计 1 的数量为 0，输出"No"
```

1. 算法设计

（1）定义一个位图数组，对每个元素都用二进制表示其所属的集合。

（2）根据输入的数据，将元素所属集合对应的二进制位设置为 1。

（3）查询 x、y 是否同时属于一个集合，统计 $s[x]\&s[y]$ 的二进制数中 1 的数量，若大于或等于 1，则输出"Yes"，否则输出"No"。

2. 算法实现

```
const int maxn=10010;
bitset<1010>s[maxn]; //s[x]表示元素 x 所属集合的二进制表示
int main(){
    int N,Q,num,x,y;
```

```
    scanf("%d",&N);
    for(int i=1;i<=N;i++){
        scanf("%d",&num);
        while(num--){
            scanf("%d",&x);
            s[x][i]=1; //将元素所属集合对应的二进制位设置为1
        }
    }
    scanf("%d",&Q);
    while(Q--){
        scanf("%d%d",&x,&y);
        if((s[x]&s[y]).count()) //统计 s[x]&s[y]的二进制数中 1 的数量
            printf("Yes\n");
        else printf("No\n");
    }
    return 0;
}
```

1.4 set、multiset（集合、多重集合）

STL 提供了 4 种关联容器：set、multiset、map、multimap，其中，set 是集合，multiset 是多重集合。关联容器将值和键关联在一起，通过键来查找值。这 4 种关联容器都是可反转且经过排序的，不可以指定插入位置，可提供对元素的快速访问，内部用红黑树实现。

集合是有序的，其中的每个键都是唯一的，其键和值是统一的，值就是键，不允许重复。多重集合也是有序的，其中的每个键都是唯一的，但允许多个值的键相同。用 set 或 multiset 时，需要引入头文件#include<set>。

集合、多重集合的迭代器为双向访问，不支持随机访问。执行一次 "++" 和 "——" 操作的时间复杂度均为 $O(\log n)$。默认的元素排序方式为升序排序，也可以通过模板的第 2 个参数设置为降序排序。

```
set<int>a; //升序排序
set<int,greater<int> >a; //降序排序，注意 greater<int>后面有空格
```

set、multiset 的成员函数如下。

- size()、empty()、clear()：返回元素数量、判断是否为空、清空。
- begin()、end()：返回开始位置、返回结束位置。
- insert(x)：将 x 插入集合。
- erase(x)：删除所有等于 x 的元素。
- erase(it)：删除 it 迭代器指向的元素。

- find(x)：查找 x 在集合中的位置，若不存在，则返回尾指针。
- count(x)：统计等于 x 的元素的数量。
- lower_bound(x)、upper_bound(x)：返回第 1 个大于或等于 x 的元素的位置、返回第 1 个大于 x 的元素的位置。

✎ 训练 1　集合合并

题目描述（HDU1412）：给定两个集合 A、B，求 A+B（在同一个集合中不会有两个相同的元素）。

输入：每组输入数据均被分为三行。第 1 行为两个整数 n 和 m（0<n,m≤10 000），分别表示集合 A 和集合 B 中的元素数量；后两行分别表示集合 A 和集合 B 中的元素（不超出 int 类型范围的整数），元素之间以一个空格隔开。

输出：单行输出合并后的集合，要求从小到大输出，元素之间以一个空格隔开。

输入样例	输出样例
1 2	1 2 3
1	1 2
2 3	
1 2	
1	
1 2	

1．算法设计

本题是两个集合的合并问题，集合不允许元素重复，且要求输出时有序。集合中的每个键都是唯一的，不允许重复，因此可以用 set 解决该问题，具体如下。

（1）定义一个集合 ans，记录两个集合的合并结果。

（2）将第 1 个集合中的元素插入 ans。

（3）将第 2 个集合中的元素插入 ans。

（4）按序输出集合中的元素。

2．算法实现

```
set<int> ans;
int main(){
    while(~scanf("%d%d",&n,&m)){  //读取到文件尾时结束。若手动输入数据，
        ans.clear();                 //则在输入结束时先按 Ctrl+Z 快捷键再按回车键
        for(int i=0;i<n;i++){
            scanf("%d", &x);
            ans.insert(x);
        }
```

```
    for(int j=0;j<m;j++){
        scanf("%d", &x);
        ans.insert(x);
    }
    for(set<int>::iterator it=ans.begin();it!=ans.end();it++){ //遍历集合且输出
        if(it!=ans.begin())
            printf(" ");
        printf("%d",*it);
    }
    printf("\n");
    }
    return 0;
}
```

训练 2　并行处理

题目描述（POJ1281）：并行处理中的编程范型之一是生产者/消费者范型，可以用具有管理者进程和多个客户进程的系统来实现。客户可以是生产者、消费者等，管理者跟踪客户进程。每个进程都有成本（1～10 000 的正整数）。具有相同成本的进程数量不能超过 10 000。队列根据请求的类型进行管理，如下所述。

- a x：将成本为 x 的进程添加到队列中。
- r：根据当前管理者策略从队列中删除进程（若可能）。
- p i：执行管理者策略 i，其中 i 是 1 或 2。1 表示删除最小成本的进程；2 表示删除最大成本的进程。默认的管理者策略为 1。
- e：结束请求列表。

只有删除的进程在删除列表中时，管理者才会输出该进程的成本。编写一个程序来模拟管理者进程。

输入：输入的每个数据集都有以下格式。

- 进程的最大成本。
- 删除列表的长度。
- 删除列表，即待查询的删除进程列表。例如"1 4"表示查询第 1 个和第 4 个删除的进程的成本。
- 请求列表。每个请求列表各占一行。

每个数据集都以 e 请求结束。数据集以空行分隔。

输出：若删除的进程在删除列表中，并且此时队列不为空，则单行输出删除的进程的成本。若队列为空，则输出−1。以空行分隔不同数据集的结果。

输入样例	输出样例
5	2
2	5
1 3	
a 2	
a 3	
r	
a 4	
p 2	
r	
a 5	
r	
e	

1. 算法设计

因为可能有多个相同的成本，所以可以用 multiset 解决。

（1）用 vis[] 数组标记删除列表要显示的序号。

（2）默认的管理者策略，p=1。

（3）读入字符，判断并执行相应的操作。

（4）进行删除操作时，若队列为空，则输出–1；否则判断管理者策略，若 p=1，则删除最小成本的进程，否则删除最大成本的进程。若删除的进程在删除列表中，则输出该进程的成本。

2. 算法实现

```cpp
bool vis[10005];
multiset<int>s;
int k;//对已删除的进程统计数量
void del(int p){
    if(s.empty()){
        printf("-1\n");
        return;
    }
    if(p==1){ //删除最小成本的进程
        if(vis[k++]) //若删除的进程在待查询的删除列表中
            printf("%d\n",*s.begin());
        s.erase(*s.begin());
    }
    else{ //删除最大成本的进程
        if(vis[k++])
            printf("%d\n",*s.rbegin());
        s.erase(*s.rbegin());
    }
}
```

```
int main(){
    char c;
    int m,n,x,p;
    while(~scanf("%d%d",&m,&n)){
        memset(vis,false,sizeof(vis));
        s.clear();
        for(int i=0;i<n;i++){ //待查询的删除列表
            scanf("%d",&x);
            vis[x]=true;
        }
        p=1;
        k=1;
        while(scanf("%c",&c)){
            if(c=='e') break;
            if(c=='a'){
                scanf("%d",&x);
                s.insert(x);
            }
            else if(c=='p'){ //执行管理者策略 x
                scanf("%d",&x);
                p=x;
            }
            else if(c=='r') //根据管理者策略进行删除操作
                del(p);
        }
        printf("\n");
    }
    return 0;
}
```

1.5 map、multimap（映射、多重映射）

map 是映射，multimap 是多重映射。映射的键和值可以是不同的类型，键是唯一的，每个键都对应一个值。多重映射与映射类似，只是允许一个键对应多个值。映射可被当作散列表使用，它建立了从键到值的映射关系。映射是键和值的一一映射，多重映射是键和值的一对多映射。用 map 或 multimap 时，需要引入头文件#include<map>。

映射的迭代器和集合类似，支持双向访问，不支持随机访问，执行一次"++"和"—"操作的时间复杂度均为 $O(\log n)$。默认的元素排序方式为升序排序，也可以通过模板的第 3 个参数设置为降序排序。

```
map<string,int>a; //升序排序
map<string,int,greater<string> >a;//降序排序
```

上述映射模板的第 1 个参数为键的类型，第 2 个参数为值的类型，第 3 个是可选参数，用于对键进行排序的比较函数或对象。

在映射中，键和值是一对数（二元组），可以用 make_pair() 生成一对数。

```
a.insert(make_pair(s,i));
```

输出时，可以分别输出第 1 个元素（键）和第 2 个元素（值）。

```
for(map<string,int>::iterator it=a.begin();it!=a.end();it++)
    cout<<it->first<<"\t"<<it->second<<endl;
```

map、multimap 的成员函数如下。

- size()、empty()、clear()：返回元素数量、判断是否为空、清空。
- begin()、end()：返回开始位置、返回结束位置。
- insert(x)：将 x 插入映射（x 为二元组）。
- erase(x)：删除所有等于 x 的元素（x 为二元组）。
- erase(it)：删除 it 指向的元素（it 为指向二元组的迭代器）。
- find(k)：查找键为 k 的二元组的位置，若不存在，则返回尾指针。

可以通过"[]"操作符直接得到键映射的值，也可以通过赋值操作改变键映射的值，例如"mp[key]=val"表示将映射 mp 中 key 对应的值改为 val。

例如，可以用 map 统计字符串的出现次数。

```
map<string,int>mp; //定义映射 mp，键为字符串，值为字符串的出现次数
string s;
for(int i=0;i<n;i++){
    cin>>s;
    mp[s]++; //字符串 s 的出现次数加 1
}
cout<<"输入字符串 s，查询该字符串的出现次数: "<<endl;
cin>>s;
cout<<mp[s]<<endl; //输出字符串 s 的出现次数
```

⚠️**注意** 若查找的 key 不存在，则执行 mp[key]后会自动新建一个二元组(key,0)并返回 0，进行多次查找后有可能包含很多无用的二元组。因此进行查找时最好先查询 key 是否存在。

```
if(mp.find(s)!=mp.end()) //若字符串 s 存在，则输出字符串 s 的出现次数
    cout<<mp[s]<<endl;
else
    cout<<"没找到! "<<endl;
```

多重映射的一个键可以对应多个值。由于是一对多的映射关系，所以对 multimap 不使用"[]"操作符。

例如，可以添加多个关于 X 和 Y 的数据：

```
multimap<string,int> mp; //定义多重映射 mp
string s1("X"),s2("Y"); //将二元组("X",50)插入 mp
mp.insert(make_pair(s1,50));
mp.insert(make_pair(s1,55));
mp.insert(make_pair(s1,60));
mp.insert(make_pair(s2,30)); //将二元组("Y",30)插入 mp
mp.insert(make_pair(s2,20));
mp.insert(make_pair(s1,10));
```

输出所有关于 X 的数据：

```
multimap<string,int>::iterator it; //定义多重映射迭代器 it
it=mp.find(s1); //在多重映射 mp 中查找字符串 s1
for(int k=0;k<mp.count(s1);k++,it++)//mp.count(s1)是字符串 s1 的出现次数
    cout<<it->first<<"--"<<it->second<<endl;//输出键和值
```

训练 1 硬木种类

题目描述（**POJ2418**）：某国有数百种硬木，该国自然资源部利用卫星成像技术编制了一份特定日期的硬木物种清单。计算其中的每个硬木物种占硬木种群的百分比。

输入：输入每棵树的硬木物种名称，每行一棵树，硬木物种名称不超过 30 个字符，硬木物种不超过 10 000 种，在硬木种群中不超过 1 000 000 棵树。

输出：首先按字典序输出硬木种群中每个硬木物种的名称，然后输出该硬木物种占硬木种群的百分比，保留小数点后 4 位。

输入样例	输出样例
Red Alder	Ash 13.7931
Ash	Aspen 3.4483
Aspen	Basswood 3.4483
Basswood	Beech 3.4483
Ash	Black Walnut 3.4483
Beech	Cherry 3.4483
Yellow Birch	Cottonwood 3.4483
Ash	Cypress 3.4483
Cherry	Gum 3.4483
Cottonwood	Hackberry 3.4483
Ash	Hard Maple 3.4483
Cypress	Hickory 3.4483
Red Elm	Pecan 3.4483
Gum	Poplan 3.4483
Hackberry	Red Alder 3.4483
White Oak	Red Elm 3.4483
Hickory	Red Oak 6.8966

Pecan	Sassafras 3.4483
Hard Maple	Soft Maple 3.4483
White Oak	Sycamore 3.4483
Soft Maple	White Oak 10.3448
Red Oak	Willow 3.4483
Red Oak	Yellow Birch 3.4483
White Oak	
Poplan	
Sassafras	
Sycamore	
Black Walnut	
Willow	

1. 算法设计

本题统计每个硬木物种的数量并计算该硬木物种占硬木种群的百分比。可以在排序后统计并输出结果，也可以利用映射自带的排序功能轻松地进行统计。

2. 算法实现

```
int main(){
    map<string,int>mp;//定义映射 mp，键值对表示硬木物种名称和硬木物种的出现次数
    int cnt=0;
    string s;
    while(getline(cin,s)){
        mp[s]++; //字符串 s 的出现次数加 1
        cnt++;    //硬木种群数加 1
    }
    for(map<string,int>::iterator it=mp.begin();it!=mp.end();it++){//遍历映射
        cout<<it->first<<" "; //输出硬木物种名称
        printf("%.4f\n",100.0*(it->second)/cnt); //输出该硬木物种占硬木种群的百分比
    }
    return 0;
}
```

训练 2 水果

题目描述（HDU1263）：Joe 经营着一家水果店，他想要一份水果销售明细表，以掌握所有水果的销售情况。

输入：第 1 行为正整数 T（$0<T\leqslant10$），表示有 T 组测试数据。每组测试数据的第 1 行都为一个整数 m（$0<m\leqslant100$），表示共有 m 次成功的交易。其后有 m 行数据，每行都表示一次交易，由水果的名称（由小写字母组成，长度不超过 80）、产地（由小写字母组成，长度不超过 80）和销售数量（正整数，不超过 100）组成。

输出：对于每组测试数据，都按照输出样例输出水果销售明细表。这份明细表包

括所有水果的名称、产地和销售数量信息。将水果按照产地分类，将产地按照字典序排序；将同一产地的水果按照名称的字典序排序。每两组测试数据之间都有一个空行。在最后一组测试数据之后没有空行。

输入样例	输出样例
1	guangdong
5	|----pineapple(5)
apple shandong 3	|----sugarcane(1)
pineapple guangdong 1	shandong
sugarcane guangdong 1	|----apple(3)
pineapple guangdong 3	
pineapple guangdong 1	

1. 算法设计

本题统计水果销售明细，可以根据映射的有序性和映射关系轻松实现。

（1）定义一个映射，其第一元素（键）为产地，第二元素（值）也是一个映射，记录名称和销售数量，相当于二维映射，可以用 mp[place][name] 对销售数量进行统计。

（2）根据输入信息统计销售数量，mp[place][name]+=num。

（3）按顺序输出统计信息。

2. 算法实现

```
int main(){
    cin>>T;
    while(T--){
        map<string,map<string,int> >mp; //二维映射，注意空格
        cin>>m;
        for(int i=0;i<m;i++){
            cin>>name>>place>>num;//输入名称、产地、销售数量
            mp[place][name]+=num; //该产地、名称的数量加 num
        }
        map<string,map<string,int> >::iterator iter1;//定义一个迭代器 iter1
        map<string,int>::iterator iter2; //定义一个迭代器 iter2
        for(iter1=mp.begin();iter1!=mp.end();iter1++){ //第一元素（产地）
            cout<<iter1->first<<endl;
            for(iter2=iter1->second.begin();iter2!=iter1->second.end();iter2++)
                //第二元素
                cout<<"   |----"<<iter2->first<<"("<<iter2->second << ")"<<endl;
        }
        if(T) cout<<endl;
    }
    return 0;
}
```

1.6 STL 中的常用函数

STL 提供了一些常用函数，包含在头文件#include<algorithm>中，如下所述。

（1）find(begin,end,x)：返回指向[begin,end)区间第 1 个值为 x 的元素的指针。若没找到，则返回尾指针。

（2）count(begin,end,x)：返回[begin,end)区间值为 x 的元素的数量。

（3）reverse(begin,end)：翻转一个序列。

（4）random_shuffle(begin,end)：随机打乱一个序列。

（5）unique(begin,end)：将连续的相同元素压缩为一个元素，返回去重后的尾指针。不连续的相同元素不会被压缩，因此一般先排序后去重。

（6）fill(begin,end,val)：将[begin,end)区间的每个元素都设置为 val。

（7）nth_element(begin,begin+k,end,compare)：使[begin,end)区间第 k 小的元素处于第 k 个位置，其左边的元素都小于或等于它，其右边的元素都大于或等于它，但并不保证其他元素有序。

（8）lower_bound(begin,end,x)、upper_bound(begin,end,x)：分别返回第 1 个大于或等于 x 的元素的位置、第 1 个大于 x 的元素的位置。

（9）next_permutation(begin,end)、pre_permutation(begin,end)：next_permutation()是求按字典序排序的下一个排列的函数；pre_permutation()是求按字典序排序的上一个排列的函数。

下面详细讲解其中的一些函数。

1.6.1 fill()

fill(begin,end,val)用于将[begin,end)区间的每个元素都设置为 val。与头文件#include<cstring>中的 memset 不同，memset 是按字节填充的。例如，int 类型的数据占 4 字节，因此 memset(a,0x3f,sizeof(a))按字节填充相当于将 0x3f3f3f3f 赋值给 a[]数组的每个元素。memset 经常用于初始化一个 int 类型的数组为 0、-1，或者最大值、最小值，也可以初始化一个 bool 类型的数组为 true(1)或 false(0)。

不可以用 memset 初始化一个 int 类型的数组为 1，因为 memset(a,1,sizeof(a))相当于将每个元素都赋值为 0000 0001 0000 0001 0000 0001 0000 0001，即将 0000 0001 分别填充到 4 字节中。bool 类型的数组之所以可被赋值为 true，是因为其中的每个元素都只占 1 字节。

```
memset(a,0,sizeof(a)); //初始化为 0
memset(a,-1,sizeof(a)); //初始化为-1
```

```
memset(a,0x3f,sizeof(a)); //初始化为最大值 0x3f3f3f3f
memset(a,0xcf,sizeof(a)); //初始化为最小值 0xcfcfcfcf
```

⚠️ **注意** 不可以用 sizeof()测量动态数组的空间数，因为这样只能测量动态数组的首地址的空间数。

若用 memset(a,0x3f,sizeof(a))填充 double 类型的数组，则经常会得到一个连 1 都不到的小数。对 double 类型的数组填充极值时可以用 fill(a,a+n,0x3f3f3f3f)。

尽管 0x7fffffff 是 32 位 int 类型数据的最大值，但是一般不用该值初始化最大值，因为 0x7fffffff 不能满足"无穷大加一个有穷的数依然是无穷大"，它会变成一个很小的负数。因为 0x3f3f3f3f 的十进制数是 1 061 109 567，也就是 10^9 级别的数（和 0x7fffffff 为一个数量级），而一般情况下的数都是小于 10^9 的，所以 0x3f3f3f3f 可以作为无穷大使用，而不至于出现数大于无穷大的情形。另外，由于一般的数都不会大于 10^9，所以当给无穷大加上一个数时，它并不会溢出（满足"无穷大加一个有穷的数依然是无穷大"）。事实上，0x3f3f3f3f+0x3f3f3f3f=2 122 219 134，非常大却没有超过 32 位 int 类型数据的表示范围，所以 0x3f3f3f3f 还满足"无穷大加无穷大还是无穷大"。

1.6.2　nth_element()

若省略最后一个参数，则 nth_element(begin,begin+k,end,compare)用于将[begin,end)区间第 k（k 从 0 开始）小的元素放在第 k 个位置。当最后一个参数为 greater<int>()时，该函数用于将[begin,end)区间第 k 大的元素放在第 k 个位置。注意：在执行该函数后会改变原序列，但不保证其他元素有序。

```
void print(int a[],int n){
    for(int i=0;i<n;i++)
        cout<<a[i]<<" ";
    cout<<endl;
}
int main(){
    int a[7]={6,2,7,4,20,15,5};
    nth_element(a,a+2,a+7);//将第 2 小的元素放在第 2 个位置
    print(a,7);
    int b[7]={6,2,7,4,20,15,5};
    nth_element(b,b+2,b+7,greater<int>());//将第 2 大的元素放在第 2 个位置
    print(b,7);
    return 0;
}
```

输出结果如下：

```
4 2 5 6 20 15 7  //第 2 小的数 5 在第 2 个位置
15 20 7 6 4 5 2  //第 2 大的数 7 在第 2 个位置
```

1.6.3 lower_bound()、upper_bound()

lower_bound()、upper_bound()都用于在有序序列中二分查找第 1 个满足条件的元素。

（1）在从小到大排序的数组中：

- lower_bound(begin,end,x)：在[begin, end)区间二分查找第 1 个大于或等于 x 的元素，找到后返回该元素的地址，找不到则返回尾指针。通过返回的地址减去初始地址 begin，得到元素在数组中的下标。
- upper_bound(begin,end,x)：在[begin, end)区间二分查找第 1 个大于 x 的元素，找到后返回该元素的地址，找不到则返回尾指针。

（2）在从大到小排序的数组中：

- lower_bound(begin,end,x,greater<type>())：在[begin, end)区间二分查找第 1 个小于或等于 x 的元素，找到后返回该元素的地址，找不到则返回尾指针。
- upper_bound(begin,end,x,greater<type>())：在[begin, end)区间二分查找第 1 个小于 x 的元素，找到后返回该元素的地址，找不到则返回尾指针。

```
int main(){
    int a[6]={6,2,7,4,20,15};
    sort(a,a+6);  //从小到大排序
    print(a,6);
    int pos1=lower_bound(a,a+6,7)-a;  //返回第 1 个大于或等于 7 的元素在数组中的下标
    int pos2=upper_bound(a,a+6,7)-a;  //返回第 1 个大于 7 的元素在数组中的下标
    cout<<pos1<<" "<<a[pos1]<<endl;
    cout<<pos2<<" "<<a[pos2]<<endl;
    sort(a,a+6,greater<int>());  //从大到小排序
    print(a,6);
    int pos3=lower_bound(a,a+6,7,greater<int>())-a;
    //返回第 1 个小于或等于 7 的元素在数组中的下标
    int pos4=upper_bound(a,a+6,7,greater<int>())-a;
    //返回第 1 个小于 7 的元素在数组中的下标
    cout<<pos3<<" "<<a[pos3]<<endl;
    cout<<pos4<<" "<<a[pos4]<<endl;
    return 0;
}
```

1.6.4 next_permutation()、pre_permutation()

next_permutation(begin,end)是求按字典序排序的下一个排列的函数，可以得到全

排列。pre_permutation(begin,end)是求按字典序排序的上一个排列的函数。

1. int 类型的 next_permutation()

示例如下：

```
int main(){//输出整数数组的全排列
    int a[3];
    a[0]=1;a[1]=2;a[2]=3;
    do{
        cout<<a[0]<<" "<<a[1]<<" "<<a[2]<<endl;
    }while(next_permutation(a,a+3)); //每执行一次，a 就变成下一个排列(后继)
    //若 a 的下一个排列存在，则返回 true，否则返回 false
    return 0;
}
```

输出：

```
1 2 3
1 3 2
2 1 3
2 3 1
3 1 2
3 2 1
```

若改成"while(next_permutation(a,a+2));"，则只对前两个元素进行字典序排序，输出：

```
1 2 3
2 1 3
```

显然，若改成"while(next_permutation(a,a+1));"，则只输出：

```
1 2 3
```

若当前排列没有后继，则在 next_permutation()执行后，会得到第 1 个排列，所有排列相当于一个循环，最后一个排列的后继是第 1 个排列。

```
int list[3]={3,2,1};
next_permutation(list,list+3);
cout<<list[0]<<" "<<list[1]<<" "<<list[2]<<endl;//输出: 1 2 3
```

2. char 类型的 next_permutation()

示例如下：

```
int main(){//输出字符数组的全排列
    char ch[205];
    cin>>ch;
    sort(ch,ch+strlen(ch)); //按字典序升序排序
```

```
//例如输入"9874563102，排序后为"0123456789"，这样就能输出全排列了
char *first=ch;
char *last=ch+strlen(ch);
do{
     cout<<ch<<endl;
}while(next_permutation(first,last));
return 0;
}
```

3. string 类型的 next_permutation()

示例如下：

```
int main(){//输出字符串数组的全排列
    string s;
    cin>>s;
    sort(s.begin(),s.end());//按字典序升序排列
    cout<<s<<endl;
    while(next_permutation(s.begin(),s.end()))
        cout<<s<<endl;
    return 0;
}
```

4. 自定义优先级的 next_permutation()

示例如下：

```
int cmp(char a,char b) {//自定义优先级，'A'<'a'<'B'<'b'<...<'Z'<'z'
    if(tolower(a)!=tolower(b))
        return tolower(a)<tolower(b);
    else
        return a<b;
}
sort(ch,ch+strlen(ch),cmp);//按自定义优先级排序
do{//输出字符串数组的全排列
    printf("%s\n",ch);
}while(next_permutation(ch,ch+strlen(ch),cmp));
```

训练 1 中位数

题目描述（**POJ2388**）：约翰正在调查他的牛群以找到产奶量最平均的奶牛，他想知道这头奶牛的产奶量是多少（即产奶量的中位数），其中，有一半奶牛的产奶量与这头奶牛的产奶量一样多或比之更多；有另一半奶牛的产奶量与这头奶牛的产奶量一样多或比之更少。给定奶牛的数量 n（$1 \leqslant n < 10\,000$，n 为奇数）及其产奶量（1～1 000 000），求产奶量的中位数。

输入：第 1 行为整数 n；第 2～n+1 行，每行都为一个整数，表示一头奶牛的产奶量。

输出：单行输出产奶量的中位数。

输入样例	输出样例
5	3
2	
4	
1	
3	
5	

题解：本题很简单，可以在排序后输出中位数，或者用 nth_element() 找中位数（第 n/2 小的数），后者执行速度更快。

```
int main(){
    while(~scanf("%d",&n)){
        for(int i=0;i<n;i++)
            scanf("%d",&r[i]);
        int mid=n>>1;
        nth_element(r,r+mid,r+n);//nth_element(a+l,a+k,a+r)求[l,r]之间第 k 小的数
        printf("%d\n",r[mid]);
    }
    return 0;
}
```

训练 2 字谜

题目描述（POJ1256）：写程序，从一组给定的字母中生成所有可能的单词。例如，给定单词"abc"，输出单词"abc""acb""bac""bca""cab"和"cba"。在输入的单词中，某些字母可能会出现多次。对于给定的单词，程序不应多次生成同一个单词，并且这些单词应按字母顺序升序输出。

输入：输入由几个单词组成。第 1 行为一个数字，表示单词数量。以下每行各为一个单词。单词由从 a 到 z、从 A 到 Z 的英文大小写字母组成。同一字母的大小写应被视为不同。每个单词的长度都小于 13。

输出：对于输入的每个单词，都按字母顺序升序输出所有可以用其生成的不同单词。大写字母排列在相应的小写字母之前。

输入样例	输出样例
3	Aab
aAb	Aba
abc	aAb
acba	abA

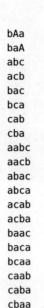

```
bAa
baA
abc
acb
bac
bca
cab
cba
aabc
aacb
abac
abca
acab
acba
baac
baca
bcaa
caab
caba
cbaa
```

提示：因为大写字母排列在相应的小写字母之前，所以正确的字母顺序是'A'<'a'<'B'<'b'<…<'Z'<'z'。

题解：本题要求按字母顺序升序输出全排列，可以用 next_ permutation()实现，排序时需要自定义优先级。

```
int cmp(char a,char b){//'A'<'a'<'B'<'b'<...<'Z'<'z', 自定义优先级
    if(tolower(a)!=tolower(b))
        return tolower(a)<tolower(b);
    else
        return a<b;
}

int main(){
    char ch[20];
    int n;
    cin>>n;
    while(n--){
        scanf("%s",ch);
        sort(ch,ch+strlen(ch),cmp);//按自定义优先级排序
        do{//输出全排列
            printf("%s\n",ch);
        }while(next_permutation(ch,ch+strlen(ch),cmp));
    }
    return 0;
}
```

第 2 章

实用的数据结构

2.1 并查集

若部落过于庞大，则部落成员见面也有可能不认识。已知某个部落的亲戚关系图，任意给出其中两个人，判断他们是否是亲戚。规定：①若 x 和 y 是亲戚，y 和 z 是亲戚，则 x 和 z 也是亲戚；②若 x 和 y 是亲戚，则 x 的亲戚也是 y 的亲戚，y 的亲戚也是 x 的亲戚。

怎样快速判断两个人是否是亲戚呢？因为以上规定中的第①条是传递关系，第②条相当于两个集合的合并，因此对该问题可以用并查集轻松解决。并查集是一种树形数据结构，用于处理集合的合并及查询问题。

1. 算法步骤

（1）初始化。将每个节点的集合号都初始化为自身。

（2）查找。查找两个节点所在的集合，简称"找祖先"。查找时，首先用递归算法找其祖先，找到祖先（集合号为自身）时停止；回归时，将从祖先到当前节点路径上的所有节点的集合号都统一为祖先的集合号。

（3）合并。若两个节点的集合号不同，则将两个节点合并为一个集合，合并时只需将一个节点的祖先的集合号修改为另一个节点的祖先的集合号。擒贼先擒王，只改祖先即可！

2. 完美图解

假设现在有 7 个人，首先输入亲戚关系图，然后判断其中任意两个人是否是亲戚。

（1）初始化。

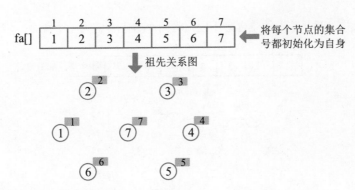

（2）查找。输入节点 2 和节点 7 的亲戚关系，找到节点 2 的集合号为 2，节点 7 的集合号为 7。

（3）合并。两个节点的集合号不同，将两个节点合并为一个集合。**在此约定将小的集合号赋值给大的集合号**，因此修改 fa[7]=2。

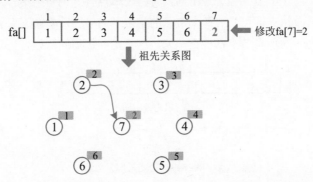

（4）查找。输入节点 4 和节点 5 的亲戚关系，找到节点 4 的集合号为 4，节点 5 的集合号为 5。

（5）合并。两个节点的集合号不同，将两个节点合并为一个集合，修改 fa[5]=4。

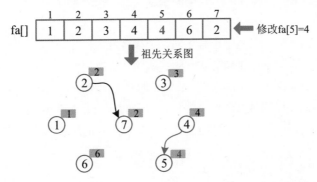

（6）查找。输入节点 3 和节点 7 的亲戚关系，找到节点 3 的集合号为 3，节点 7 的集合号为 2。

（7）合并。两个节点的集合号不同，将两个节点合并为一个集合，修改 fa[3]=2。

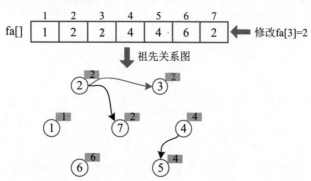

（8）查找。输入节点 4 和节点 7 的亲戚关系，找到节点 4 的集合号为 4，节点 7 的集合号为 2。

（9）合并。两个节点的集合号不同，将两个节点合并为一个集合，修改 fa[4]=2。擒贼先擒王，只改祖先即可！有两个节点的集合号为 4，只需修改两个节点的祖先，无须将集合号为 4 的所有节点都检查一遍，这正是并查集的巧妙之处！

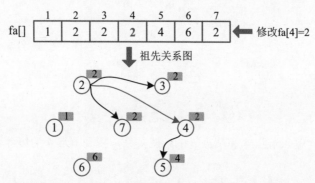

（10）查找。输入节点 3 和节点 4 的亲戚关系，找到节点 3 的集合号为 2，节点 4 的集合号为 2。

（11）合并。两个节点的集合号相同，无须合并。

（12）查找。输入节点 5 和节点 7 的亲戚关系，找到节点 7 的集合号为 2，节点 5 的集合号不为 5，查找节点 5 的祖先。节点 5 的双亲为节点 4，节点 4 的双亲为节点 2，节点 2 的集合号为 2（祖先），搜索停止。回归时，将从祖先到当前节点的路径上所有节点的集合号都统一为祖先的集合号。更新节点 5 的集合号为其祖先的集合号 2。

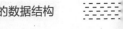

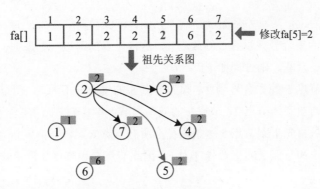

（13）合并。两个节点的集合号相同，无须合并。

（14）查找。输入节点 5 和节点 6 的亲戚关系，找到节点 5 的集合号为 2，节点 6 的集合号为 6。

（15）合并。两个节点的集合号不同，将两个节点合并为一个集合，修改 fa[6]=2。

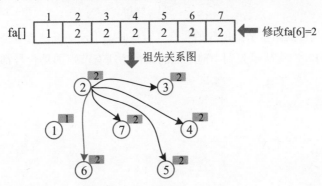

（16）查找。输入节点 2 和节点 3 的亲戚关系，找到节点 2 的集合号为 2，节点 3 的集合号为 2。

（17）合并。两个节点的集合号相同，无须合并。

（18）查找。输入节点 1 和节点 2 的亲戚关系，找到节点 1 的集合号为 1，节点 2 的集合号为 2。两个节点的集合号不同，将两个节点合并为一个集合，修改 fa[2]=1。

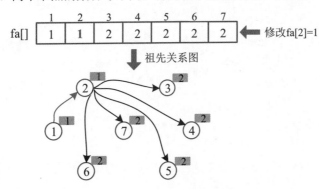

31

假设到此为止，亲戚关系图已经输入完毕。可以看到节点 3、节点 4、节点 5、节点 6、节点 7 的集合号并没有被修改为 1，这样做真的可以吗？现在，若判断节点 5 和节点 2 是不是亲戚，则过程如下。

（1）找到节点 5 的集合号为 2，因为节点 5 的集合号不为 5，所以找其祖先。首先找到节点 5 的双亲为节点 2，节点 2 的双亲为节点 1，节点 1 的集合号为 1（祖先），搜索停止。将从祖先 1 到节点 5 这条路径上所有节点的集合号都更新为 1。

（2）节点 5 和节点 2 的集合号都为 1，因此节点 5 和节点 2 是亲戚。

3. 算法实现

（1）初始化。将节点 i 的集合号初始化为自身。

```
void init(){//初始化集合号
    for(int i=1;i<=n;i++)
        fa[i]=i;//把节点 i 的集合号初始化为自身
}
```

（2）查找。查找两个节点所在的集合，查找时，用递归算法查找其祖先（集合号为自身）。回归时，将从祖先到当前节点的路径上所有节点的集合号都统一为祖先的集合号。

```
int Find(int x){//查找
    if(x!=fa[x])
        fa[x]=Find(fa[x]);
    return fa[x];
}
```

fa[x] 表示节点 x 的集合号，若 x!=fa[x]，则说明节点 x 不是祖先。继续向上查找，找到祖先后返回。回归时将从祖先到当前节点的路径上所有节点的集合号都统一为祖先的集合号，统一集合号后相当于做了"路径压缩"，从当前节点到祖先的路径本来很长，被缩短了。例如，查找节点 1 的集合号的过程如下图所示。

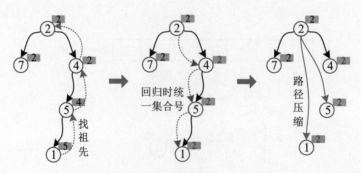

（3）合并。找到节点 x 的集合号为 a，节点 y 的集合号为 b，若 a 和 b 相等，则

无须合并。若 a 和 b 不相等，则将节点 a 的集合号修改为 b，或者将节点 b 的集合号修改为 a。擒贼先擒王，只改祖先即可！

```
void Union(int x,int y){//合并
    int a=Find(x);//找到节点 x 的集合号
    int b=Find(y);//找到节点 y 的集合号
    if(a!=b)
        fa[b]=a;
}
```

例如，输入节点 1 和节点 8 的亲戚关系，找到节点 1 的集合号为 2，节点 8 的集合号为 6，将节点 6 的集合号修改为 2 即可。

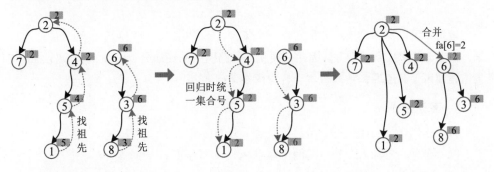

4. 算法分析

若有 n 个节点、e 条边（关系），则对每条边 (u,v) 进行集合合并时，都要查找节点 u 和节点 v 的祖先，查找路径为从当前节点一直到根，由 n 个节点组成的树的平均高度为 $\log n$，因此在并查集中合并集合的时间复杂度为 $O(e\log n)$。

训练 1　畅通工程

题目描述（**HDU1232**）：现有城镇道路统计表，表中列出了每条直接相连的城镇道路。"畅通工程"的目标是使全省任意两个城镇间都可以通过道路连接（间接通过道路连接也可以）。问最少还需要建设多少条道路？

输入：输入多个测试用例。每个测试用例的第 1 行都为两个正整数，分别表示城镇数量 n（$n<1000$）和道路数量 m；随后的 m 行对应 m 条道路，每行都为一对正整数，分别表示该条道路连接的两个城镇的编号。城镇编号为 1～n。注意：两个城镇可以由多条道路连接。当 n 为 0 时，输入结束。

输出：对于每个测试用例，都单行输出最少还需要建设的道路数量。

输入样例	输出样例
4 2	1
1 3	0
4 3	2
3 3	998
1 2	
1 3	
2 3	
5 2	
1 2	
3 5	
999 0	
0	

　　题解：可以将一个连通分量看作一个集合，一条道路可以将两个连通分量连通起来，相当于两个集合的合并。因此只要统计道路网络的连通分量数 ans，再建设 ans−1 条道路即可使其连通。用并查集可轻松解决该问题。

1. 算法设计

　　（1）初始化。初始化每个节点的集合号都为自身。

　　（2）合并。每输入一条边的两个端点 x、y，都合并 x、y 的集合。

　　（3）统计并输出结果。统计有多少个集合（集合号为自身），每个集合都相当于一个连通分量，若有 ans 个集合，则最少还需要建设 ans−1 条道路使其连通。

2. 完美图解

　　有 5 个城镇、2 条道路（1-2、3-5），共计 3 个集合，只需建设 2 条道路即可使其连通。

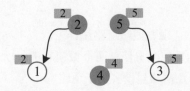

3. 算法实现

```
for(i=1;i<=n;i++)
    fa[i]=i; //初始化集合号为自身
for(i=0;i<m;i++){//输入 m 条边，每条边的端点都为 x、y，合并集合
    scanf("%d%d",&x,&y);
    Union(x,y);//合并集合
}
for(i=1;i<=n;i++){//统计集合数量
    if(i==fa[i])
```

```
    ans++;
}
printf("%d\n",ans-1);//输出答案
```

📝 训练 2　方块栈

题目描述（**POJ1988**）：贝西正在玩方块游戏，方块编号为 $1 \sim N$（$1 \leqslant N \leqslant 30\ 000$），开始时每个方块都相当于一个栈。贝西执行了 P 次（$1 \leqslant P \leqslant 100\ 000$）操作，操作类型有两种：M $X\ Y$，将包含 X 的栈整体移动到包含 Y 的栈的顶部；C X，查询 X 方块下方的方块数量。请统计贝西每次操作的结果。

输入：第 1 行为单个整数 P，表示操作的次数。第 $2 \sim P+1$ 行，每行都描述一次操作（注意：N 的值不会出现在输入文件中，移动操作不会将栈移动到自身所在的位置）。

输出：对于每次查询操作，都输出统计结果。

输入样例	输出样例
6	1
M 1 6	0
C 1	2
M 2 4	
M 2 6	
C 3	
C 4	

题解：本题包括移动和查询两种操作，可以用二维数组实现方块的整体移动，但是操作量很大，若一个一个地移动，则会超时。整体移动相当于集合的合并，因此可以借助并查集快速、高效地实现，在集合中进行查找和合并操作时更新根下方的方块数量。

1．算法设计

（1）初始化。初始化每个方块的集合号都为自身。

（2）查询或者合并。

- C X：查询方块 X 的集合号，并输出方块 X 下方的方块数量。$d[i]$ 表示方块 i 下方的方块数量。查询方块 X 的集合号，回归时将所经过路径上节点的集合号都统一为祖先的集合号，将当前节点的 d 值加上其双亲的 d 值。

- M $X\ Y$：合并方块 X、方块 Y 所在的集合。$cnt[i]$ 表示第 i 个栈的方块数量。首先找到方块 X、方块 Y 的集合号 a、b，然后将方块 a 的集合号修改为 b，fa[a]=b，更新 d[a]=cnt[b]，cnt[b]+=cnt[a]。

2. 完美图解

（1）初始化。根据输入样例，初始时每个方块的集合号都为自身，fa[i]=i；在每个方块下方都有 0 个方块，d[i]=0；每个栈都只有 1 个方块，cnt[i]=1。

（2）合并。M 1 6：将包含方块 1 的栈整体移动到包含方块 6 的栈的顶部。首先查询到方块 1 和方块 6 的集合号为 1、6，然后将方块 1 的集合号修改为 6，fa[1]=6，更新 d[1]=cnt[6]=1，cnt[6]+=cnt[1]=2。

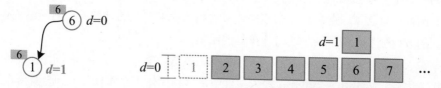

（3）查询。C 1：查询在方块 1 下方有多少个方块。首先查询方块 1 的集合号，回归时修改集合号并将当前节点的 d 值加上其双亲的 d 值，d[1]+=d[6]=1。

（4）合并。M 2 4：将包含方块 2 的栈整体移动到包含方块 4 的栈的顶部。首先找到方块 2 和方块 4 的集合号为 2、4，然后将方块 2 的集合号修改为 4，fa[2]=4，更新 d[2]=cnt[4]=1，cnt[4]+=cnt[2]=2。

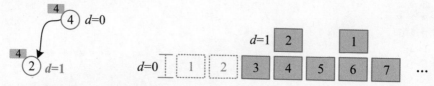

（5）合并。M 2 6：将包含方块 2 的栈整体移动到包含方块 6 的栈的顶部。首先找到方块 2 和方块 6 的集合号为 4、6，然后将方块 4 的集合号修改为 6，fa[4]=6，更新 d[4]=cnt[6]=2，cnt[6]+=cnt[4]=4。

> 💡注意 本次只修改祖先的集合号，未修改方块 2 的集合号及 d 值，下次查询其集合号时才会更新。这正是并查集的妙处。

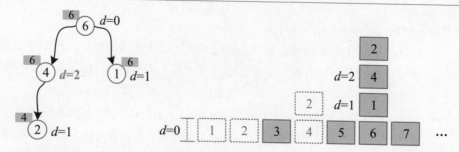

（6）查询。C 3：查询在方块 3 下方有多少个方块。查询到方块 3 的集合号为 3，d[3]=0。

（7）查询。C 4：查询在方块 4 下方有多少个方块。查询方块 4 的集合号，回归时修改集合号并将当前节点的 d 值加上其双亲的 d 值，d[4]+=d[6]=2。

（8）继续查询。C 2：查询在方块 2 下方有多少个方块。查询方块 2 的集合号，回归时修改集合号并将当前节点的 d 值加上其双亲的 d 值，d[2]+=d[4]=3。

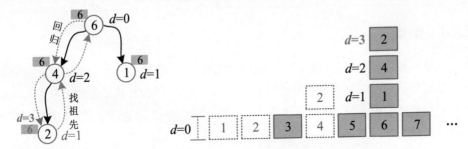

3. 算法实现

（1）初始化。

```
void Init(){
    for(int i=1;i<N;i++){
        fa[i]=i;//每个方块的集合号都为自身
        d[i]=0;//方块 i 下方的方块数量为 0
        cnt[i]=1;//第 i 个栈的方块数量为 1
    }
}
```

（2）查询。查询方块 x 的集合号，集合号为自身时停止。回归时将所经过路径上方块的集合号都统一为祖先的集合号，将当前方块的 d 值加上其双亲的 d 值。

```
int Find(int x){查询 x 的集合号
    int fx=fa[x];
    if(x!=fa[x]){
        fa[x]=Find(fa[x]);
        d[x]+=d[fx];
    }
    return fa[x];
}
```

（3）合并。首先找到方块 x、方块 y 的集合号为 a、b，然后将方块 a 的集合号修改为 b，更新 d[a]=cnt[b]，cnt[b]+=cnt[a]。

```
void Union(int x,int y){//合并方块 x、方块 y 所在的集合
    int a,b;
    a=Find(x);
    b=Find(y);
    fa[a]=b;
```

```
    d[a]=cnt[b];
    cnt[b]+=cnt[a];
}
```

2.2 倍增、稀疏表（ST）、区间最值查询（RMQ）

2.2.1 倍增

任意整数均可被表示成若干 2 的次幂项之和。例如整数 5，其二进制表示为 101，该二进制数从右向左第 0、2 位均为 1，则 $5=2^2+2^0$；又如整数 26，其二进制表示为 11010，该二进制数从右向左第 1、3、4 位均为 1，则 $26=2^4+2^3+2^1$。也就是说，2 的次幂项可被拼成任意需要的值。

倍增，顾名思义就是成倍增加。若问题的状态空间特别大，则一步步递推的算法复杂度太高，可以采用倍增思想，只考察 2 的整数次幂位置，快速缩小求解范围，直到找到解。

例如在一棵树中，每个节点的祖先都比该节点大，要查找节点 4 的祖先中等于 x 的祖先，最笨的办法就是一个一个地向上比较祖先，判断哪个祖先等于 x。若树特别大，则搜索效率很低。虽然祖先有序，但并未按顺序存储，无法得到中间节点的下标，因此不可以进行普通的二分查找，这时该怎么办呢？假设当前节点向上跳 2^i 个节点到达节点 z，若 x 大于节点 z，则当前节点真的向上跳 2^i 个节点，加大增量 2^{i+1}，继续比较；若 x 小于节点 z，则减小增量 2^{i-1}，继续比较，直到相等，返回查找成功的信息；或者增量减为 2^0 后仍不相等，返回查找失败的信息。

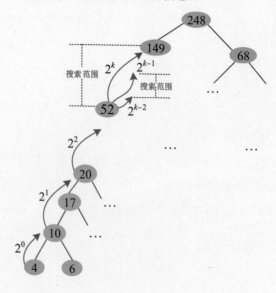

2.2.2 稀疏表

稀疏表（Sparse Table，ST）采用了倍增思想，在 $O(n\log n)$ 时间内构造一个二维表后，可以在 $O(1)$ 时间内查询 $[l, r]$ 区间的最值（最大值或最小值），有效解决区间最值查询（Range Minimum/Maximum Query，RMQ）问题。

如何实现呢？假设 $F[i, j]$ 表示 $[i, i+2^j-1]$ 区间的最值，区间长度为 2^j。

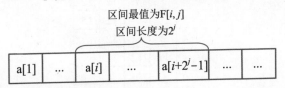

根据倍增思想，长度为 2^j 的区间可被分成两个长度为 2^{j-1} 的子区间，求两个子区间的最值即可。本节以求最大值为例，递推公式：$F[i,j]=\max(F[i,j-1], F[i+2^{j-1},j-1])$。

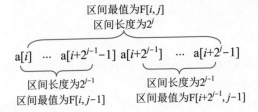

1. 创建稀疏表

若 $F[i, j]$ 表示 $[i, i+2^j-1]$ 区间的最值，区间长度为 2^j，则 i 和 j 的取值范围是多少呢？

若数组的长度为 n，最大区间长度 $2^k \leq n < 2^{k+1}$，则 $k=[\log_2 n]$，比如：当 $n=8$ 时，$k=3$；当 $n=10$ 时，$k=3$。在程序中，k=log2(n)，也可用通用表达方式 k=log(n)/log(2)，log()表示以 e 为底的自然对数。

算法代码：

```
void ST_create(){//创建稀疏表
    for(int i=1;i<=n;i++)//初始化
        F[i][0]=a[i];//表示[i,i]区间的最值，区间长度为2^0
    int k=log2(n); //或者 log(n)/log(2);
    for(int j=1;j<=k;j++)
        for(int i=1;i<=n-(1<<j)+1;i++) //n-2^j+1
            F[i][j]=max(F[i][j-1],F[i+(1<<(j-1))][j-1]);
}
```

例如有 10 个元素 a[1,10]={5,3,7,2,12,1,6,4,8,15}，其查询区间最值的稀疏表如下图所示。

$F[i, j]$ 表示 $[i, i+2^j-1]$ 区间的最值，区间长度为 2^j。

- $F[1,0]$ 表示 $[1,1+2^0-1]$ 区间，即 $[1,1]$ 区间的最值为 5，第 0 列为数组自身。

- F[1,1]表示[1,1+2^1–1]区间，即[1,2]区间的最值为 5。
- F[2,3]表示[2,2+2^3–1]区间，即[2,9]区间的最值为 12。
- F[6,2]表示[6,6+2^2–1]区间，即[6,9]区间的最值为 8。

F[][] j	0	1	2	3
i 1	5	5	7	12
2	3	7	12	12
3	7	7	12	15
4	2	12	12	
5	12	12	12	
6	1	6	8	
7	6	6	15	
8	4	8		
9	8	15		
10	15			

2. 在稀疏表中查询

若查询[l, r]区间的最值，则首先计算 k，与前面的计算方法相同，区间长度为 $r-l+1$，$2^k \leq r-l+1 < 2^{k+1}$，因此 $k=\log 2(r-l+1)$。

若查询区间的长度大于或等于 2^k 且小于 2^{k+1}，则根据倍增思想，可以将查询区间分为两个子区间，取两个子区间的最值即可。两个子区间分别为从 l 向后的 2^k 个数及从 r 向前的 2^k 个数，这两个子区间可能有重叠，但对求区间最值没有影响。

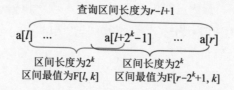

查询区间长度为 $r-l+1$

a[l] ... a[$l+2^k-1$] ... a[r]

区间长度为 2^k　　区间长度为 2^k
区间最值为F[l, k]　　区间最值为F[$r-2^k+1, k$]

算法代码：

```
int ST_query(int l,int r) {//求[l,r]区间的最值
    int k=log2(r-l+1);
    return max(F[l][k],F[r-(1<<k)+1][k]);//取两个区间的最值
}
```

3. 算法分析

创建稀疏表时，初始化需要 $O(n)$ 时间，进行两次 for 循环需要 $O(n\log n)$ 时间，总时间复杂度为 $O(n\log n)$。区间查询实际上是查表的过程，计算 k 后从表中读取两个数取最大值即可，因此查询的时间复杂度为 $O(1)$。一次建表，多次使用，查表效率高。

2.2.3　区间最值查询

有多种方法可以解决区间最值查询问题,用线段树和稀疏表解决区间最值查询问题的对比如下。

- 线段树预处理的时间为 $O(n\log n)$,查询的时间为 $O(\log n)$,支持在线修改。
- 稀疏表预处理的时间为 $O(n\log n)$,查询的时间为 $O(1)$,不支持在线修改。

 **训练1　区间最值差**

题目描述(POJ3264): 约翰每天挤奶时,他的 N 头奶牛($1 \leqslant N \leqslant 50\,000$)都以相同的顺序排队。他挑选了一些连续排队的奶牛来玩游戏。为了让所有奶牛都玩得开心,它们的高度差不应太大。约翰列出了 Q 组($1 \leqslant Q \leqslant 200\,000$)奶牛和它们的高度($1 \leqslant \text{height} \leqslant 1\,000\,000$)。他希望确定每组中最高和最矮的奶牛的高度差。

输入: 第1行为两个整数 N 和 Q。接下来 N 行,每行都为一个整数,表示奶牛的高度。最后 Q 行,每行都为两个整数 A 和 B($1 \leqslant A \leqslant B \leqslant N$),表示从 A 到 B 的奶牛范围。

输出: 输出 Q 行,每行都为一个整数,表示该范围内最高和最矮的奶牛的高度差。

输入样例	输出样例
6 3	6
1	3
7	0
3	
4	
2	
5	
1 5	
4 6	
2 2	

题解: 本题求解区间最大值和区间最小值之差,是典型的区间最值查询问题,可以用稀疏表解决。

1. 算法设计

(1) 创建稀疏表。

(2) 首先查询 $[a, b]$ 区间的最大值和最小值,然后输出其差值。

2. 算法实现

```
int Fmax[maxn][20];//Fmax[i][j]表示[i,i+2^j-1]区间的最大值,区间长度为2^j
int Fmin[maxn][20];
void ST_create(){//创建稀疏表
```

41

```
for(int i=1;i<=N;i++)
    Fmax[i][0]=Fmin[i][0]=h[i]; //初始化
int k=log2(N);
for(int j=1;j<=k;j++)
    for(int i=1;i<=N-(1<<j)+1;i++){//N-2^j+1
        Fmax[i][j]=max(Fmax[i][j-1],Fmax[i+(1<<(j-1))][j-1]);
        Fmin[i][j]=min(Fmin[i][j-1],Fmin[i+(1<<(j-1))][j-1]);
    }
}

int RMQ(int l,int r){//求[l,r]区间的最值差
    int k=log2(r-l+1);
    int m1=max(Fmax[l][k],Fmax[r-(1<<k)+1][k]);
    int m2=min(Fmin[l][k],Fmin[r-(1<<k)+1][k]);
    return m1-m2;//区间最值差
}
```

训练2 最频繁值

题目描述（**POJ3368**）：给定 n 个整数的非递减序列 $(a_1,a_2,\cdots,a_n)$，对由每个索引 i 和 j 组成的查询（$1\leqslant i\leqslant j\leqslant n$），都确定整数 $a_i,\cdots,a_j$ 中的最频繁值（出现次数最多的值）。

输入：输入多个测试用例。每个测试用例都从两个整数 n 和 q（$1\leqslant n, q\leqslant 100\,000$）所在的行开始。下一行为 n 个整数 $a_1,\cdots,a_n$（$-100\,000\leqslant a_i\leqslant 100\,000, i\in\{1,\cdots,n\}$）。对于每个 $i\in\{1,\cdots,n-1\}$，都满足 $a_i\leqslant a_{i+1}$。以下 q 行，每行都由两个整数 i 和 j 组成（$1\leqslant i\leqslant j\leqslant n$），表示查询的边界索引。在最后一个测试用例后跟一个包含单个 0 的行。

输出：对于每个查询，都单行输出一个整数，表示给定范围内最频繁值的出现次数。

输入样例	输出样例
10 3	1
-1 -1 1 1 1 1 3 10 10 10	4
2 3	3
1 10	
5 10	
0	

题解：由于本题可以首先累计元素的出现次数，然后进行区间最值查询，所以可以用稀疏表解决。在创建稀疏表和进行区间最值查询时需要计算 log 值，为提高求 log 值的效率，首先求出数据范围内所有整数的 log 值，然后将其存储在 lb[] 数组中，使用时查询即可。F[i][j] 表示 [i, $i+2^j-1$] 区间的最大值，区间长度为 2^j。

1. 算法设计

（1）求出数据范围内所有整数的 log 值，将其存储在 lb[] 数组中。

（2）非递减序列的相等元素一定相邻，将每个元素都与前面的元素进行比较，累计元素的出现次数并将其存储在 F[i][0] 中。

（3）创建稀疏表。

（4）查询[l, r]区间的最大值。若第 l 个整数和第 l–1 个整数相等，则首先统计第 l 个整数在查询区间[l, r]的出现次数，然后查询剩余区间的最大值，最后求两者的最大值即可。

2. 完美图解

（1）求出数据范围内所有整数的 log 值，将其存储在 lb[] 数组中，规律如下。

- 2^i 与它的前一个整数的与运算结果必然是 0，此时其 log 值比前一个整数大 1。例如 8 的二进制数为 1000，7 的二进制数为 111，两者的与运算结果为 0，log(8) 比 log(7) 大 1。
- 除 2^i 外，其他整数与前一个整数的与运算结果均不为 0，其 log 值与前一个整数相等。

首先，初始化 log[0]=−1。

- 1&0=0：log[1]=log[0]+1=0。
- 2&1=0：log[2]=log[1]+1=1。
- 3&2=2：log[3]=log[2]=1。
- 4&3=0：log[4]=log[3]+1=2。
- 5&4=4：log[5]=log[4]=2。
- 6&5=4：log[6]=log[5]=2。
- 7&6=6：log[7]=log[6]=2。
- 8&7=0：log[8]=log[7]+1=3。
- ……

（2）将输入样例中元素的出现次数累计并存储在 F[i][0] 中。

	1	2	3	4	5	6	7	8	9	10
a[]	−1	−1	1	1	1	1	3	10	10	10
F[][0]	1	2	1	2	3	4	1	1	2	3

（3）创建稀疏表。

（4）查询。2 3：查询[2,3]区间最频繁值的出现次数。t=l=2，因为 a[2]=a[1]，t++，即 t=3；此时 a[3]≠a[2]，t−l=1，RMQ(t,r)=RMQ(3,3)=1，求两者的最大值，得到[2,3]

区间最频繁值的出现次数为1。

> **！注意** 不可以直接查询 RMQ(2,3)，想一想，为什么？

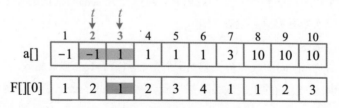

（5）查询。1 10：查询[1,10]区间最频繁值的出现次数。$t=l=1$，a[1]≠a[0]，$t-l=0$，RMQ(t,r)=RMQ(1,10)=4，求两者的最大值，得到[1,10]区间最频繁值的出现次数为4。

（6）查询。5 10：查询[5,10]区间最频繁值的出现次数。$t=l=5$，因为a[5]=a[4]，t++，即 $t=6$；a[6]=a[5]，t++，即 $t=7$；此时 a[7]≠a[6]，$t-l=2$，RMQ(t,r)=RMQ(7,10)=3，求两者的最大值，得到[5,10]区间最频繁值的出现次数为3。

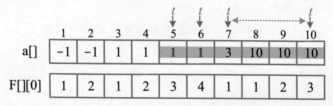

若直接查询 RMQ(5,10)，则会得到 4，但是 a[5]在[5,10]区间的出现次数为 2，不为 4（另外两次未出现在[5,10]区间）。因此若 a[l]与前一个数 a[$l-1$]相等，则需要首先统计 a[l]在[l, r]区间的出现次数，然后查询剩余区间的最值，最后比较两者的最大值。

3. 算法实现

```
void Initlog(){//求解所有log值，将其存储到lb[]数组中
    lb[0]=-1;
    for(int i=1;i<maxn;i++)
        lb[i]=(i&(i-1))?lb[i-1]:lb[i-1]+1;
}

void ST_create(int n){//每个测试用例的元素数量都不同，因此将n作为参数
    for(int j=1;j<=lb[n];j++)
        for(int i=1;i<=n-(1<<j)+1;i++)//n-2^j+1
            F[i][j]=max(F[i][j-1],F[i+(1<<(j-1))][j-1]);
}

int RMQ(int l,int r){//求[l,r]区间的最大值
    if(l>r) return 0;
    int k=lb[r-l+1];
    return max(F[l][k],F[r-(1<<k)+1][k]);
```

```
}

int main(){
    int n,q,l,r;
    Initlog();//求解所有 log 值，将其存储到 lb[]数组中
    while(~scanf("%d",&n)&&n){
        scanf("%d",&q);//输入查询次数 q
        for(int i=1;i<=n;i++){//下标从 1 开始，求解 F[i][0]
            scanf("%d",&a[i]);
            if(i==1){
                F[i][0]=1;
                continue;
            }
            if(a[i]==a[i-1])//a[i]与前一个数 a[i-1]相等
                F[i][0]=F[i-1][0]+1; //累加 1
            else
                F[i][0]=1;
        }
        ST_create(n);//创建稀疏表
        for(int j=1;j<=q;j++){//查询最频繁值的出现次数
            scanf("%d%d",&l,&r);//输入区间的两个端点 l、r
            int t=l;
            while(t<=r&&a[t]==a[t-1]) //本题数据非递减有序，判断 a[t]是否与前一个数相等
                t++;
            printf("%d\n",max(t-l,RMQ(t,r))); //t-l 为第 1 个数在[l,r]区间的出现次数
        }
    }
    return 0;
}
```

2.3 最近公共祖先（LCA）

最近公共祖先（Lowest Common Ancestor，LCA）指有根树中距离两个节点最近的公共祖先。节点的祖先指从当前节点到根路径上的所有节点。

节点 u 和节点 v 的公共祖先指一个节点既是节点 u 的祖先，又是节点 v 的祖先。节点 u 和节点 v 的最近公共祖先指距离节点 u 和节点 v 最近的公共祖先。若节点 v 是节点 u 的祖先，则节点 u 和节点 v 的最近公共祖先是节点 v。

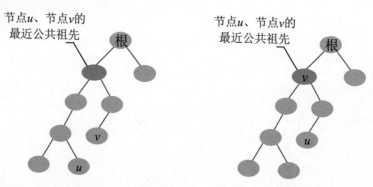

可以用最近公共祖先求解树上任意两点之间的距离。求节点 u 和节点 v 之间的距离时，若节点 u 和节点 v 的最近公共祖先为节点 lca，则节点 u 和节点 v 之间的距离为节点 u 到根的距离先加上节点 v 到根的距离再减去 2 倍的节点 lca 到根的距离：$\text{dist}[u]+\text{dist}[v]-2\times\text{dist}[\text{lca}]$。

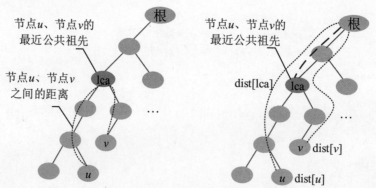

求解最近公共祖先的方法有很多，包括暴力搜索法、树上倍增法、在线区间最值查询算法、离线 Tarjan 算法和树链剖分。

在线算法：以序列化方式一个一个地处理输入数据，也就是说，在开始时并不需要知道所有输入数据，在解决一个问题后立即输出结果。

离线算法：在开始时已知问题的所有输入数据，可以一次性回答所有问题。

2.3.1 暴力搜索法

暴力搜索法有两种：向上标记法和同步前进法。

1. 向上标记法

从节点 u 向上一直到根，标记所有经过的节点；若节点 v 已被标记，则节点 v 就是节点 u、节点 v 的最近公共祖先，记作 LCA(u, v)；否则节点 v 也向上走，第 1 次遇到的已标记的节点是 LCA(u, v)。

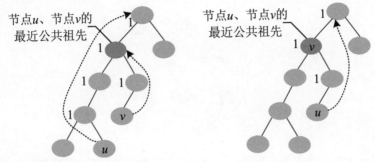

2. 同步前进法

让深度大的节点 u 向上走到与节点 v 同一深度，然后节点 u、节点 v 一起向上走，直到走到同一节点，该节点就是 LCA(u, v)。若深度大的节点 u 到达节点 v 的同一深度时，该节点正好是节点 v，则节点 v 就是节点 u、节点 v 的最近公共祖先。

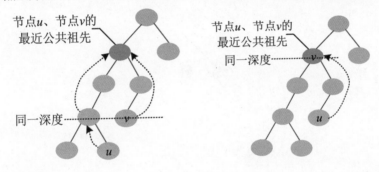

3. 算法分析

以暴力搜索法求解最近公共祖先，两种方法的时间复杂度在最坏情况下均为 $O(n)$。

2.3.2 树上倍增法

通过树上倍增法不仅可以解决最近公共祖先问题，还可以解决很多其他问题，掌握树上倍增法是很有必要的。

F[i, j] 表示节点 i 的 2^j 辈祖先，即从节点 i 向根走 2^j 步到达的节点。从节点 u 向上走 2^0 步，到达节点 u 的双亲 x，F[u,0]=x；向上走 2^1 步，到达节点 y，F[u,1]=y；向上走 2^2 步，到达节点 z，F[u,2]=z；向上走 2^3 步，节点不存在，令 F[u,3]=0。

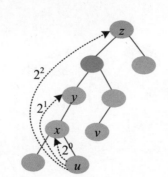

求解 $F[i,j]$ 可以分为两个步骤：①从节点 i 向上走 2^{j-1} 步，得到 $F[i,j-1]$；②从节点 $F[i,j-1]$ 向上走 2^{j-1} 步，得到 $F[F[i,j-1],j-1]$，该节点为 $F[i,j]$。

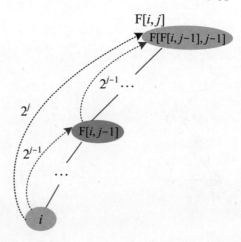

递推公式：$F[i,j]=F[F[i,j-1],j-1]$，$i=1,2,\cdots,n$，$j=0,1,2,\cdots,k$，$2^k{\leqslant}n$，$k=\log_2 n$。

1. 算法设计

（1）创建稀疏表。

（2）利用稀疏表求解最近公共祖先。

2. 完美图解

与前面暴力搜索法中的同步前进法一样，首先让深度大的节点 y 向上走到与节点 x 同一深度，然后节点 x、节点 y 一起向上走。与暴力搜索法不同的是，向上走是根据倍增思想走的，不是一步一步向上走的，因此速度较快。

问题一：怎么让深度大的节点 y 向上走到与节点 x 同一深度呢？

假设节点 y 的深度比节点 x 的深度大，需要节点 y 向上走到与节点 x 同一深度，而 $k=3$，则求解过程如下。

（1）节点 y 向上走 2^3 步，到达的节点的深度比节点 x 的深度小，什么也不做。

（2）减少增量，节点 y 向上走 2^2 步，到达的节点的深度比节点 x 的深度大，节点 y 上移，$y=F[y][2]$。

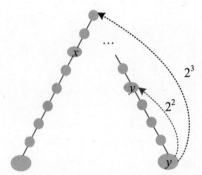

（3）减少增量，节点 y 向上走 2^1 步，到达的节点的深度与节点 x 的深度相等，节点 y 上移，$y=F[y][1]$。

（4）减少增量，节点 y 向上走 2^0 步，到达的节点的深度比节点 x 的深度小，什么也不做。此时节点 x、节点 y 在同一深度。

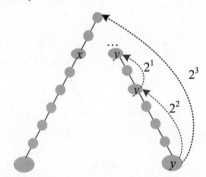

总结：按照增量递减的方式，到达的节点的深度比节点 x 的深度小时，什么也不做；到达的节点的深度大于或等于节点 x 的深度时，节点 y 上移，直到增量为 0，此时节点 x、节点 y 在同一深度。

问题二：若节点 x、节点 y 一起向上走，则怎么找最近公共祖先呢？

假设节点 x、节点 y 已到达同一深度，现在一起向上走，而 $k=3$，则求解过程如下。

（1）节点 x、节点 y 同时向上走 2^3 步，到达的节点相同，什么也不做。

（2）减少增量，节点 x、节点 y 同时向上走 2^2 步，到达的节点不同，节点 x、节点 y 上移，$x=F[x][2]$，$y=F[y][2]$。

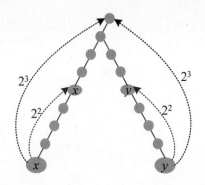

（3）减少增量，节点 x、节点 y 同时向上走 2^1 步，到达的节点不同，节点 x、节点 y 上移，$x=F[x][1]$，$y=F[y][1]$。

（4）减少增量，节点 x、节点 y 同时向上走 2^0 步，到达的节点相同，什么也不做。此时节点 x、节点 y 的双亲为最近公共祖先，$LCA(x,y)=F[x][0]$。

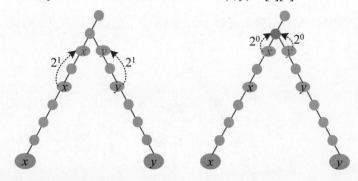

完整的求解过程如下图所示。

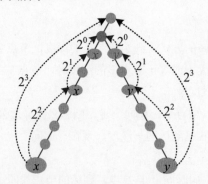

总结：按照增量递减的方式，到达的节点相同时，什么也不做；到达的节点不同时，同时上移，直到增量为 0。此时节点 x、节点 y 的双亲为最近公共祖先。

3. 算法实现

```
void ST_create(){//构造稀疏表
```

```
    for(int j=1;j<=k;j++)
        for(int i=1;i<=n;i++)//节点 i 首先走 2^(j-1)步到达 F[i][j-1]
            F[i][j]=F[F[i][j-1]][j-1];// 再走 2^(j-1)步
}

int LCA_st_query(int x,int y){//求节点 x、节点 y 的最近公共祖先
    if(d[x]>d[y])//保证节点 x 的深度小于或等于节点 y
        swap(x,y);
    for(int i=k;i>=0;i--)//节点 y 向上走到与节点 x 同一深度
        if(d[F[y][i]]>=d[x])
            y=F[y][i];
    if(x==y)
        return x;
    for(int i=k;i>=0;i--)//节点 x、节点 y 一起向上走
        if(F[x][i]!=F[y][i])
            x=F[x][i],y=F[y][i];
    return F[x][0];//返回节点 x 的双亲
}
```

4．算法分析

用树上倍增法求解最近公共祖先，创建稀疏表需要 $O(n\log n)$ 时间，每次查询都需要 $O(\log n)$ 时间。一次建表、多次使用，适用于需要进行多次查询的场景。若只有几次查询，则预处理需要 $O(n\log n)$ 时间，还不如用暴力搜索法快。

2.3.3 在线区间最值查询算法

两个节点的最近公共祖先一定是两个节点之间的欧拉序列中深度最小的节点，查找深度最小值时可以进行区间最值查询。

1．完美图解

欧拉序列指在深度优先遍历过程中把依次经过的节点记录下来，回溯时把经过的节点也记录下来，相当于从根开始，一笔画出一个经过所有节点的回路。

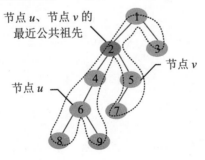

该树的欧拉序列为(1, 2, 4, 6, 8, 6 ,9 ,6 ,4 ,2, 5, 7, 5, 2, 1, 3, 1)，其中节点 6 和节点 5

第 1 次出现时的下标是 i、j，查询到该区间深度最小的节点为节点 2，节点 2 就是节点 6 和节点 5 的最近公共祖先。

2. 算法实现

（1）通过深度优先遍历（DFS）得到 3 个数组：pos[]数组存储节点第 1 次出现时的下标，seq[]数组存储欧拉序列，dep[]数组存储节点的深度。

```
void dfs(int u,int d) {//深度优先遍历
    vis[u]=true;
    pos[u]=++tot;//节点u第1次出现时的下标
    seq[tot]=u;//通过深度优先遍历得到树的欧拉序列
    dep[tot]=d;//深度
    for(int i=head[u];i;i=e[i].next){
        int v=e[i].to,w=e[i].c;
        if(vis[v])
            continue;
        dfs(v,d+1);
        seq[++tot]=u;
        dep[tot]=d;
    }
}
```

（2）根据欧拉序列的深度，创建进行区间最值查询的稀疏表。F[i][j]表示[i, $i+2^j-1$] 区间深度最小的节点的下标。

```
void ST_create(){//创建稀疏表
    for(int i=1;i<=tot;i++)//初始化
        F[i][0]=i;//记录下标，不记录最小深度
    int k=log2(tot);
    for(int j=1;j<=k;j++)
        for(int i=1;i<=tot-(1<<j)+1;i++)//tot-2^j+1
            if(dep[F[i][j-1]]<dep[F[i+(1<<(j-1))][j-1]])
                F[i][j]=F[i][j-1];
            else
                F[i][j]=F[i+(1<<(j-1))][j-1];
}
```

（3）查询[l, r]区间深度最小的节点的下标，与区间最值查询类似。

```
int RMQ_query(int l,int r){//查询[l,r]区间的最值
```

```
    int k=log2(r-l+1);
    if(dep[F[l][k]]<dep[F[r-(1<<k)+1][k]])
        return  F[l][k];
    else
        return  F[r-(1<<k)+1][k];//返回深度最小的节点的下标
}
```

（4）求节点 x、节点 y 的最近公共祖先，首先得到节点 x、节点 y 第 1 次出现在欧拉序列中时的下标，然后查询该区间深度最小的节点的下标，根据下标读取欧拉序列中的节点即可。

```
int LCA(int x,int y) {//求节点x、节点y的最近公共祖先
    int l=pos[x],r=pos[y];//读取第1次出现时的下标
    if(l>r)
        swap(l,r);
    return seq[RMQ_query(l,r)];//返回[l,r]区间深度最小的节点
}
```

3. 算法分析

在线区间最值查询算法是基于倍增思想和区间最值查询的动态规划算法，其预处理包括深度遍历和创建稀疏表，需要 $O(n\log n)$ 时间，每次查询都需要 $O(1)$ 时间。

> ⚠️**注意** 虽然都用到了稀疏表，但是在线区间最值查询算法中的稀疏表和树上倍增法中的稀疏表，其表达的含义是不同的，前者表示区间最值，后者表示向上走的步数。

2.3.4 离线 Tarjan 算法

在线算法指每读入一个查询（求一次最近公共祖先就叫作一次查询），都需要运行一次程序得到本次查询结果。若进行一次查询需要 $O(\log n)$ 时间，则进行 m 次查询需要 $O(m\log n)$ 时间。离线算法指首先读入所有查询，然后运行一次程序得到所有查询结果。离线 Tarjan 算法利用了并查集的优越性，可以在 $O(n+m)$ 时间内解决最近公共祖先问题。

1. 算法设计

（1）初始化集合号数组和访问数组，fa[i]=i，vis[i]=0。

（2）从节点 u 出发进行深度优先遍历，标记 vis[u]=1，深度优先遍历节点 u 所有未被访问的邻接点，在遍历过程中更新距离，回退时更新集合号。

（3）当节点 u 的邻接点被全部遍历完毕时，检查关于节点 u 的所有查询，若存在一个查询（查询 u v）且 vis[v]=1，则利用并查集查找节点 v 的祖先，找到的节点就是节点 u、节点 v 的最近公共祖先。

2. 完美图解

在树中求节点 5、节点 6 的最近公共祖先，求解过程如下。

（1）初始化所有节点的集合号都为自身并标记其未被访问，fa[i]=i，vis[i]=0。

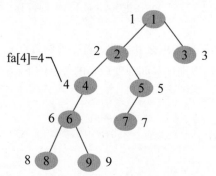

（2）从根开始进行深度优先遍历，在遍历过程中标记 vis[]=1。

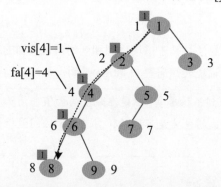

（3）节点 8 的邻接点已访问完毕，更新 fa[8]=6，没有节点 8 相关的查询，回退到节点 6。

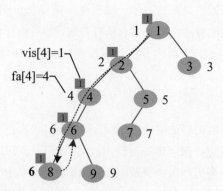

（4）遍历节点 6 的下一个邻接点 9，标记 vis[9]=1，节点 9 的邻接点已访问完毕，更新 fa[9]=6，没有节点 9 相关的查询，回退到节点 6。

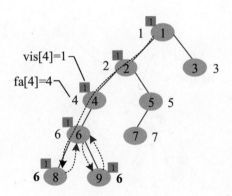

（5）节点 6 的邻接点已访问完毕，更新 fa[6]=4，有节点 6 相关的查询 5（查询 5 6），但是 vis[5]≠1，什么也不做，回退到节点 4。

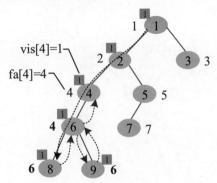

（6）节点 4 的邻接点已访问完毕，更新 fa[4]=2，没有节点 4 相关的查询，回退到节点 2。

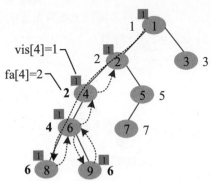

（7）遍历节点 2 的下一个邻接点 5，标记 vis[5]=1，继续深度优先遍历节点 7，标记 vis[7]=1，节点 7 的邻接点已访问完毕，更新 fa[7]=5，没有节点 7 相关的查询，回退到节点 5。

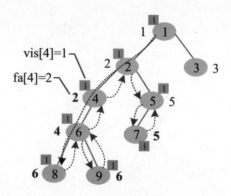

（8）节点 5 的邻接点已访问完毕，更新 fa[5]=2，有节点 5 相关的查询 6（查询 5 6），且 vis[6]=1，此时需要从节点 6 开始通过并查集找祖先。

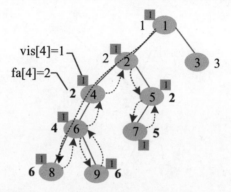

（9）从节点 6 开始通过并查集找祖先的过程：首先查找节点 6 的集合号 fa[6]=4，找到节点 4 的集合号 fa[4]=2，找到节点 2 的集合号 fa[2]=2，找到祖先（集合号为自身）后返回，并更新从祖先到当前节点的路径上所有节点的集合号，即更新节点 6、节点 4 的集合号，fa[4]=2，fa[6]=2，此时节点 2 就是节点 5、节点 6 的最近公共祖先。

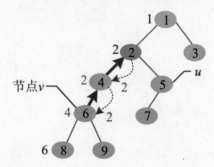

总结：在当前节点 u 的邻接点已访问完毕时，检查节点 u 相关的所有查询节点 v，若 vis[v]≠1，则什么也不做；若 vis[v]=1，则通过并查集查找节点 v 的祖先，LCA(u,v)=fa[v]。

3. 算法实现

```
int find(int x){//通过并查集找祖先
    if(x!=fa[x])
        fa[x]=find(fa[x]);
    return fa[x];
}

void tarjan(int u){//离线 Tarjan 算法
    vis[u]=1;
    for(int i=head[u];i;i=e[i].next){
        int v=e[i].to,w=e[i].c;
        if(vis[v])
            continue;
        dis[v]=dis[u]+w;
        tarjan(v);
        fa[v]=u;
    }
    for(int i=0;i<query[u].size();i++){//节点 u 相关的所有查询
        int v=query[u][i];
        int id=query_id[u][i];
        if(vis[v]){
            int lca=find(v);
            ans[id]=dis[u]+dis[v]-2*dis[lca];
        }
    }
}
```

4. 算法分析

通过离线 Tarjan 算法进行 m 次查询的时间为 $O(n+m)$。

训练 1　最近公共祖先

题目描述（**POJ1330**）：一棵树如下图所示，用 1～16 的整数标记树上的节点，节点 8 是根。若节点 x 位于根和节点 y 之间的路径上，则节点 x 是节点 y 的祖先，也是自己的祖先。节点 8、节点 4、节点 10 和节点 16 是节点 16 的祖先，节点 8、节点 4、节点 6 和节点 7 是节点 7 的祖先。若节点 x 是节点 y、节点 z 的祖先，则节点 x 被称为"节点 y 和节点 z 的公共祖先"，因此节点 8 和节点 4 是节点 16 和节点 7 的公共祖先。若节点 x 是节点 y 和节点 z 的公共祖先并且最接近节点 y 和节点 z，则节点 x 被称为"节点 y 和节点 z 的最近公共祖先"，节点 16 和节点 7 的最近公共祖先是节点 4。若节点 y 是节点 z 的祖先，则节点 y 和节点 z 的最近公共祖先是节点 y，节点 4 和节点 12 的最近公共祖先是节点 4。编写一个程序，找到树中两个不同节点的最近公共祖先。

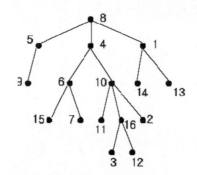

输入：第 1 行为一个整数 t，表示测试用例的数量。每个测试用例的第 1 行都为整数 n（$2 \leqslant n \leqslant 10\ 000$），表示树中的节点数。用 $1 \sim n$ 标记节点。接下来的 $n-1$ 行，每行都为一对表示边的整数，第 1 个整数是第 2 个整数的双亲（有 n 个节点的树恰好有 $n-1$ 条边）。每个测试用例的最后一行都为两个不同的整数，求其最近公共祖先。

输出：对于每个测试用例，都单行输出两个节点的最近公共祖先。

输入样例	输出样例
2	4
16	3
1 14	
8 5	
10 16	
5 9	
4 6	
8 4	
4 10	
1 13	
6 15	
10 11	
6 7	
10 2	
16 3	
8 1	
16 12	
16 7	
5	
2 3	
3 4	
3 1	
1 5	
3 5	

题解：由于本题数据量不大，所以可以用暴力求解法求解最近公共祖先。

1. 算法设计

（1）初始化每个节点的双亲 fa[i]=i，访问标记 flag[i]=0。

（2）从节点 u 向上标记到根。

（3）从节点 v 向上走，遇到的第 1 个带有标记的节点即节点 u、节点 v 的最近公共祖先。

2. 算法实现

```
int LCA(int u,int v){//用暴力求解法求解最近公共祖先
    if(u==v)
        return u;
    flag[u]=1;
    while(fa[u]!=u){//从节点 u 向上走到根
        u=fa[u];
        flag[u]=1;
    }
    if(flag[v])
        return v;
    while(fa[v]!=v){//从节点 v 向上走
        v=fa[v];
        if(flag[v])
            return v;
    }
    return 0;
}
```

 训练2　树上距离

题目描述（**HDU2586**）：有 n 栋房屋，这些房屋由一些双向道路连接起来。每两栋房屋之间都有一条独特的简单道路（"简单"意味着不可以通过两条道路去一个地方）。人们每天总是喜欢这样问："我从房屋 A 到房屋 B 需要走多远？"

输入：第 1 行为单个整数 T（T≤10），表示测试用例的数量。每个测试用例的第 1 行都为 n（2≤n≤40 000）和 m（1≤m≤200），分别表示房屋数量和查询数量。下面的 n–1 行，每行都为 3 个数字 i、j、k，表示有一条道路连接房屋 i 和房屋 j，长度为 k（0<k≤40 000），房屋被标记为 1～n。接下来的 m 行，每行都为两个不同的整数 i 和 j，求房屋 i 和房屋 j 之间的距离。

输出：对于每个测试用例，都输出 m 行查询答案，在每个测试用例后都输出一个空行。

输入样例	输出样例
2	10
3 2	25
1 2 10	
3 1 15	100
1 2	100
2 3	
2 2	
1 2 100	
1 2	
2 1	

题解：本题中任意两个房屋之间的路径都是唯一的，是连通无环图，属于树形结构，求两个房屋之间的距离相当于求树中两个节点之间的距离，可以通过求解其最近公共祖先解决。求解最近公共祖先的方法有很多，在此用树上倍增法及稀疏表求解。

1. 算法设计

（1）根据输入数据，用链式前向星存储图。

（2）深度优先搜索，求深度、距离，初始化 $F[v][0]$。

（3）创建稀疏表。

（4）查询节点 x、节点 y 的最近公共祖先。

（5）输出节点 x、节点 y 的距离 $dist[x]+dist[y]-2\times dist[lca]$，其中节点 lca 为节点 x 和节点 y 的最近公共祖先。

2. 完美图解

求节点 u 和节点 v 之间的距离，若节点 u 和节点 v 的最近公共祖先为节点 lca，则节点 u 和节点 v 之间的距离为节点 u 到根的距离加上节点 v 到根的距离，再减去 2 倍的节点 lca 到根的距离：$dist[u]+dist[v]-2\times dist[lca]$。

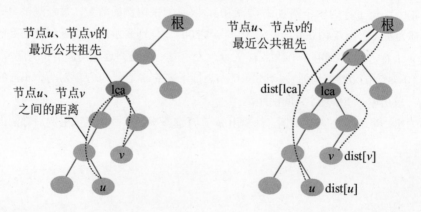

3. 算法实现

```
void dfs(int u){//求深度、距离，初始化F[v][0]
    for(int i=head[u];i;i=e[i].next){
        int v=e[i].to;
        if(v==F[u][0])
            continue;
        d[v]=d[u]+1;//深度
        dist[v]=dist[u]+e[i].c;//距离
        F[v][0]=u;  //F[v][0]存储节点v的双亲
        dfs(v);
    }
}


void ST_create(){//构造稀疏表
    for(int j=1;j<=k;j++)
        for(int i=1;i<=n;i++)//节点i先走2^(j-1)步到达节点F[i][j-1]，再走2^(j-1)步
            F[i][j]=F[F[i][j-1]][j-1];
}


int LCA_st_query(int x,int y){//求节点x、节点y的最近公共祖先
    if(d[x]>d[y])//保证节点x的深度小于或等于节点y
        swap(x,y);
    for(int i=k;i>=0;i--)//节点y向上走到与节点x同一深度
        if(d[F[y][i]]>=d[x])
            y=F[y][i];
    if(x==y)
        return x;
    for(int i=k;i>=0;i--)//节点x、节点y一起向上走
        if(F[x][i]!=F[y][i])
            x=F[x][i],y=F[y][i];
    return F[x][0];//返回节点x的双亲
}
```

2.4 树状数组

2.4.1 一维树状数组

有一个包含 n 个数的数列$(2,7,1,12,5,9\cdots)$，请计算前 i 个数的和，即前缀和 $sum[i]=a[1]+a[2]+\cdots+a[i]$ （$i=1,2,\cdots,n$）。该怎么计算呢？一个一个地加起来怎么样？

```
sum=0;
for(int k=1;k<=i;k++)
    sum+=a[k];
```

若用这种办法，则计算前 n 个数的和需要 $O(n)$ 时间。而且若对 a[i]进行修改，则对(sum[i],sum[$i+1$],…,sum[n])都需要进行修改，在最坏情况下需要 $O(n)$ 时间。当 n 特别大时效率很低。

树状数组可以高效地计算数列的前缀和，通过它进行求前缀和与点更新（修改）操作都可以在 $O(\log n)$ 时间内完成。

1．树状数组的由来

树状数组引入了分级管理制度且设置了一个管理数组，管理数组中的每个成员都管理一个或多个连续的元素。例如，在数列中有 9 个元素，用(a[1],a[2],…,a[9])存储，还设置了一个管理数组 c[]。

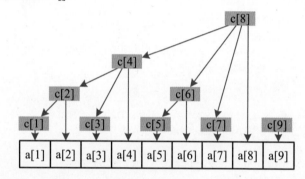

管理数组的每个成员都存储其所有孩子的和。

- c[1]：存储 a[1]的值。
- c[2]：存储 c[1]、a[2]的和，相当于存储 a[1]、a[2]的和。
- c[3]：存储 a[3]的值。
- c[4]：存储 c[2]、c[3]、a[4]的和，相当于存储 a[1]、a[2]、a[3]、a[4]的和。
- c[5]：存储 a[5]的值。
- c[6]：存储 c[5]、a[6]的和，相当于存储 a[5]、a[6]的和。
- c[7]：存储 a[7]的值。
- c[8]：存储 c[4]、c[6]、c[7]、a[8]的和，相当于存储 a[1]～a[8]的和。
- c[9]：存储 a[9]的值。

从上图可以看出，这个管理数组 c[]是树状的，因此叫作"树状数组"。怎么利用树状数组求前缀和及进行点更新呢？

1）求前缀和

若想知道 sum[7]，则只需将 c[7]加上左侧所有子树的根即可求得，即 sum[7]=c[4]+c[6]+c[7]。

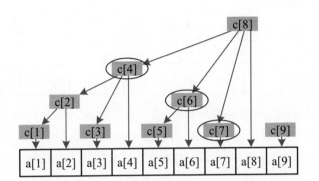

- sum[4]：左侧没有子树，直接找 c[4]即可，sum[4]=c[4]。
- sum[5]：左侧有一棵子树，其根为 c[4]，sum[5]=c[4]+c[5]。
- sum[9]：左侧有一棵子树，其根为 c[8]，sum[9]=c[8]+c[9]。

2）点更新

点更新指修改一个元素的值，例如对 a[5]加上一个数 y，这时需要更新该元素的所有祖先，即 c[5]、c[6]、c[8]，令这些节点都加上 y 即可，不需要修改其他节点。

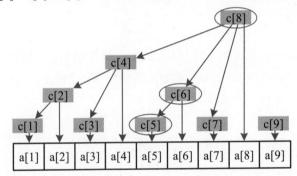

为什么只修改其祖先呢？因为当前节点只与祖先有关系，与其他节点没有关系。

- c[5]：存储 a[5]的值，修改 a[5]加上 y，因此 c[5]也加上 y。
- c[6]：存储 c[5]、a[6]的和（a[5]、a[6]），a[5]加上 y，c[6]也加上 y。
- c[8]：存储 c[4]、c[6]、c[7]、a[8]的和（a[1]～a[8]），a[5]加上 y，c[8]也加上 y。

2．树状数组的实现

树状数组，又叫作"二进制索引树"（Binary Indexed Tree），通过二进制分解的方法划分区间。c[i]存储的是哪些值呢？

1）区间长度

若 i 的二进制表示末尾有 k 个连续的 0，则 c[i]存储的区间长度为 2^k，从 a[i]向前数 2^k 个元素，即 c[i]=a[$i-2^k+1$]+a[$i-2^k+2$]+…+a[i]。

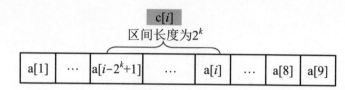

例如：$i=6$，6 的二进制表示为 110，末尾有 1 个 0，即 c[6]存储的值的区间长度为 2（2^1），存储的是 a[5]、a[6]的和，即 c[6]=a[5]+a[6]。

$i=5$，5 的二进制表示为 101，末尾有 0 个 0，即 c[5]存储的值的区间长度为 1（2^0），存储的是 a[5]的值，即 c[5]=a[5]。试一试其他值是不是也这样？

怎么得到这个区间长度呢？若 i 的二进制表示末尾有 k 个连续的 0，则 c[i]存储的值的区间长度为 2^k，换句话说，区间长度就是在 i 的二进制表示下最低位的 1 及它后面的 0 构成的数值。例如 $i=20$，其二进制表示为 10100，末尾有两个 0，区间长度为 2^2（4），其实就是 10100 最低位的 1 及其后面的 0 构成的数值 100（该数为二进制表示，其十进制表示为 4）。

$$\text{最低位的1}$$
$$i \quad 1\,0\,\boxed{1\,0\,0}$$

怎么得到 100 呢？可以首先把 10100 取反，得到 01011，然后加 1 得到 01100。此时，最低位的 1 仍然为 1，而该位前面的其他位与原值相反，再与原值 10100 进行与运算即可。

$$\text{最低位的1}$$
$$
\begin{array}{r}
i \quad 1\,0\,\boxed{1\,0\,0}\\
\sim i \quad 0\,1\,0\,1\,1\\
+\,1\\
\hline
0\,1\,1\,0\,0\\
\&\,1\,0\,1\,0\,0\\
\hline
0\,0\,\boxed{1\,0\,0}
\end{array}
$$

- 取反运算（～）：1 变成 0，0 变成 1。
- 与运算（＆）：两位都是 1，则为 1，否则为 0。

在计算机中二进制数用的是补码表示，$-i$ 的补码正好是 i 取反加 1，因此$(-i)\&i$就是区间长度。若将 c[i]存储的值的区间长度用 lowbit(i)表示，则 lowbit(i)=$(-i)\&i$。

算法代码：

```
int lowbit(int i){
    return (-i)&i;
}
```

2）前驱和后继

直接前驱：$c[i]$的直接前驱为 $c[i-\mathrm{lowbit}(i)]$，即 $c[i]$左侧紧邻的子树的根。

直接后继：$c[i]$的直接后继为 $c[i+\mathrm{lowbit}(i)]$，即 $c[i]$的双亲。

前驱：$c[i]$的直接前驱、直接前驱的直接前驱等，即 $c[i]$左侧所有子树的根。

后继：$c[i]$的直接后继、直接后继的直接后继等，即 $c[i]$的所有祖先。

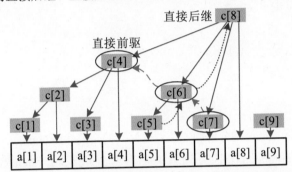

$c[7]$的直接前驱为 $c[6]$，$c[6]$的直接前驱为 $c[4]$，$c[4]$没有直接前驱；$c[7]$的前驱为 $c[6]$、$c[4]$。

$c[5]$的直接后继为 $c[6]$，$c[6]$的直接后继为 $c[8]$，$c[8]$没有直接后继；$c[5]$的后继为 $c[6]$、$c[8]$。

3）查询前缀和

前缀和 $\mathrm{sum}[i]$等于 $c[i]$加上 $c[i]$的前驱。例如，$\mathrm{sum}[7]$等于 $c[7]$加上 $c[7]$的前驱，$c[7]$的前驱为 $c[6]$、$c[4]$，即 $\mathrm{sum}[7]=c[7]+c[6]+c[4]$。

算法代码：

```
int sum(int i){//求前缀和
    int s=0;
    for(;i>0;i-=lowbit(i))//直接前驱i-=lowbit(i)
        s+=c[i];
    return s;
}
```

4）点更新

若更新 $a[i]$加上 z，则只需更新 $c[i]$及其后继（祖先）都加上 z。例如，若更新 $a[5]$加上 2，则只需更新 $c[5]$及其后继都加上 2，即 $c[5]+2$、$c[6]+2$、$c[8]+2$。

算法代码：

```
void add(int i,int z) {//a[i]加上z
    for(;i<=n;i+=lowbit(i))//直接后继，即双亲i+=lowbit(i)
        c[i]+=z;
}
```

> **！注意** 树状数组的下标从 1 开始，不可以从 0 开始，因为在 lowbit(0)=0 时会出现死循环。

5）查询区间和

若求区间和 a[i]+a[i+1]+···+a[j]，则求解前 j 个元素的和减去前 i−1 个元素的和即可，即 sum[j]−sum[i−1]。

算法代码：

```
int sum(int i,int j) {//求区间和
    return sum(j)-sum(i-1);
}
```

3. 算法分析

树状数组是通过二进制分解的方法划分区间的，其性能与 n 的二进制位数有关，n 的二进制位数为 $\lfloor \log n \rfloor +1$，$\lfloor x \rfloor$ 表示向下取整，即取小于或等于 x 的最大整数。$\lfloor \log 5 \rfloor =2$，5 的二进制位数为 3；$\lfloor \log 8 \rfloor =3$，8 的二进制位数为 4。

如何求解树状数组的高度呢？树状数组底层的叶子是 c[1]，因此从开始一直找其后继（祖先）直到根，这就是树状数组的高度。$c[1] \rightarrow c[2^1] \rightarrow c[2^2] \rightarrow c[2^3] \rightarrow \cdots \rightarrow c[2^x]$，每次都是 2 倍增长，假设 $n=2^x$，则 $x=\log n$，因此树高 $h=O(\log n)$。更新时，最多从叶子更新到根，执行次数不超过树高，因此更新的时间复杂度为 $O(\log n)$。

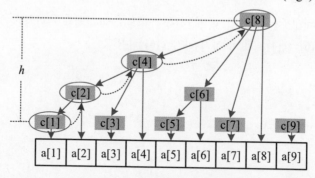

在查询前缀和时需要查找前驱，前驱最多有多少个呢？n 的二进制数有 $k=\lfloor \log n \rfloor +1$ 位，在最多的情况下，每一位都是 1，n="111···1"可以被表示为 $n=2^{k-1}+2^{k-2}+\cdots+2^1+2^0$。7="111"=$2^2+2^1+2^0$，c[7]的前驱为 $c[7-2^0]$、$c[7-2^0-2^1]$、$c[7-2^0-2^1-2^2]$，最后一个为 c[0]，表示不存在，因此 c[7]的前驱为 c[6]、c[4]。前驱的数量与 n 的二进制数的位数有关，不超过 $O(\log n)$，因此查询前缀和的时间复杂度为 $O(\log n)$，即在一维树状数组中进行修改和查询的时间复杂度均为 $O(\log n)$。

2.4.2 多维树状数组

在一维树状数组中进行修改和查询的时间复杂度均为 $O(\log n)$，可以将其扩展为 m 维树状数组，时间复杂度为 $O(\log^m n)$，对该算法只需加多层循环即可。在二维数组 $a[n][n]$、树状数组 $c[][]$ 中进行查询和修改的方法如下。

（1）查询前缀和。二维数组的前缀和实际上是从数组左上角到当前位置 (x, y) 子矩阵的区间和，在一维数组查询前缀和的代码中加一层循环即可。

```
int sum(int x,int y) {//求从左上角(1,1)到右下角(x,y)子矩阵的区间和
    int s=0;
    for(int i=x;i>0;i-=lowbit(i))
        for(int j=y;j>0;j-=lowbit(j))
            s+=c[i][j];
    return s;
}
```

（2）更新。若更新 $a[x][y]$ 加上 z，则在一维数组更新的代码中加一层循环即可。

```
void add(int x,int y,int z) {//a[x][y]加上z
    for(int i=x;i<=n;i+=lowbit(i))
        for(int j=y;j<=n;j+=lowbit(j))
            c[i][j]+=z;
}
```

（3）查询区间和。对二维数组查询区间和，实际上是求从左上角 (x_1, y_1) 到右下角 (x_2, y_2) 子矩阵的区间和。首先求出从左上角 $(1,1)$ 到右下角 (x_2, y_2) 子矩阵的区间和 $\text{sum}(x_2, y_2)$，然后减去从 $(1,1)$ 到 (x_1-1, y_2) 子矩阵的区间和 $\text{sum}(x_1-1, y_2)$，再减去从 $(1,1)$ 到 (x_2, y_1-1) 子矩阵的区间和 $\text{sum}(x_2, y_1-1)$，因为这两个矩阵的交叉区域被多减了一次，所以还得加回来，加上从 $(1,1)$ 到 (x_1-1, y_1-1) 子矩阵的区间和 $\text{sum}(x_1-1, y_1-1)$。

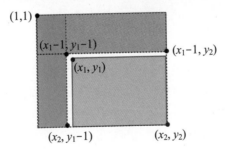

算法代码如下：

```
int sum(int x1,int y1,int x2,int y2) {//求从左上角(x1,y1)到右下角(x2,y2)子矩阵的区间和
    return sum(x2,y2)-sum(x1-1,y2)-sum(x2,y1-1)+sum(x1-1,y1-1);
}
```

树状数组主要用于查询前缀和、区间和及进行点更新，点查询、区间修改效率较低。

- 前缀和查询：对普通数组需要 $O(n)$ 时间，对树状数组需要 $O(\log n)$ 时间。
- 区间和查询：对普通数组需要 $O(n)$ 时间，对树状数组需要 $O(\log n)$ 时间。
- 点更新：对普通数组需要 $O(1)$ 时间，对树状数组需要 $O(\log n)$ 时间。
- 点查询：对普通数组需要 $O(1)$ 时间，对树状数组需要 $O(\log n)$ 时间（求 sum[i]–sum[i–1]）。
- 区间修改：对普通数组需要 $O(n)$ 时间，对树状数组只能一个一个地修改和更新，需要 $O(n\log n)$ 时间。
- 减法规则：当问题满足减法规则时，例如求区间和，则 sum(i, j)=sum[j]–sum[i–1]。当问题不满足减法规则时，例如求[i, j]区间的最大值，则不可以用[1,j]区间的最大值减去[1,i–1]区间的最大值，可以用线段树解决。

✏️ 训练 1　数星星

题目描述（**POJ2352**）：星星由平面上的点表示，星星的等级为纵、横坐标均不超过自己的星星数量（不包括自己）。下图中，5 号星的等级是 3（纵、横坐标均不超过 5 号星的星星有 3 颗：1、2 和 4 号星）。2 号星和 4 号星的等级是 1。在该图上有一颗 0 级星、两颗 1 级星、一颗 2 级星和一颗 3 级星。计算给定图上每个等级的星星数量。

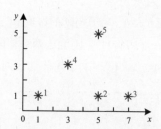

输入：第 1 行为星星的数量 n（$1\leqslant n\leqslant 15\,000$）。以下 n 行描述星星的坐标，每行都为两个整数 x、y（$0\leqslant x,y\leqslant 32\,000$）。平面上的每个点都只可以有一颗星星。按照 y 坐标升序输入，在 y 坐标相等时按照 x 坐标升序输入。

输出：输出 n 行，第 1 行为 0 级的数量，第 2 行为 1 级星的数量……最后一行为 n–1 级星的数量。

输入样例	输出样例
5	1
1 1	2
5 1	1

```
7 1                                    1
3 3                                    0
5 5
```

提示：因为数据量巨大，所以用 scanf 而不是 cin 来读取数据，避免超时。

题解：每颗星星的等级都为它左下方的星星数量。输入所有星星的坐标，依次输出 $0\sim n-1$ 级星的数量。

虽然看似二维数据，但是输入数据按照 y 坐标升序排序，当前点的 y 坐标大于或等于已输入的点的 y 坐标。若 y 坐标相等，则当前点的 x 坐标大于已输入的点的 x 坐标，所以只需统计小于 x 坐标的星星数量，是前缀和问题。可以借助树状数组解决问题。

⚠ 注意　本题坐标从 0 开始，树状数组的下标必须从 1 开始，对输入数组的坐标做加 1 处理。

1. 算法设计

（1）依次输入每颗星星的坐标 x、y，执行 x++。

（2）计算前缀和 sum(x)，将其作为该星星的等级，用 ans[]数组累计该等级的星星的数量。

（3）将树状数组中 x 的数量加 1。

2. 算法实现

```
for(int i=0;i<n;i++){
  scanf("%d%d",&x,&y);
  x++;
  ans[sum(x)]++;
  add(x,1);//将 x 的数量 c[x]加 1
}

void add(int i,int val) {//将第 i 个元素加 val，其后继也要加
    while(i<=maxn){ //是 x 点的范围，注意不是星星数量 n
        c[i]+=val;
        i+=lowbit(i);//i 的后继（双亲）
    }
}

int sum(int i) {//前缀和
    int s=0;
    while(i>0){
        s+=c[i];
        i-=lowbit(i);//i 的前驱
    }
```

```
    return s;
}
```

 训练2 矩形区域查询

题目描述（**POJ1195**）：手机的基站区域分为多个正方形单元，形成 $s×s$ 矩阵，行和列的编号为 $0~s-1$，每个单元都包含一个基站。一个单元内活动手机的数量可能发生变化，因为手机会从一个单元移动到另一个单元或者开机、关机。编写程序，改变某个单元内活动手机的数量，并查询给定矩形区域内当前活动手机的数量。

输入：输入和输出均为整数。每个输入各占一行，包含一个指令和多个参数。所有值始终在以下数据范围内。若 a 为负数，则可以假设它不会将值减小到 0 以下。

- 表大小：$1×1 ≤ s×s ≤ 1\ 024×1\ 024$。
- 单元值：$0 ≤ v ≤ 32\ 767$。
- 更新量：$-32\ 768 ≤ a ≤ 32\ 767$。
- 输入的指令数量：$3 ≤ u ≤ 60\ 002$。
- 整个表中的最大手机数量：$m = 2^{30}$。

指　　令	参　　数	含　　义
0	s	初始化 $s×s$ 矩阵为 0。只会在第 1 个指令中出现一次
1	x y a	(x, y) 单元内活动手机的数量增加 a。a 为正数或负数
2	l b r t	查询 (x, y) 单元内活动手机的总数量。$l ≤ x ≤ r,\ b ≤ y ≤ t$
3		结束程序。该指令只会在最后一个指令中出现一次

输出：对于指令 2，单行输出矩形区域内当前活动手机的总数量。

输入样例

```
0 4
1 1 2 3
2 0 0 2 2
1 1 1 2
1 1 2 -1
2 1 1 2 3
3
```

输出样例

```
3
4
```

题解：本题涉及点更新与矩形区间和查询，是非常简单的二维树状数组问题。

1. 算法设计

直接用二维树状数组进行点更新及矩阵区间和查询即可。

2. 算法实现

```
void add(int x,int y,int z) {//点更新
```

```
    for(int i=x;i<=n;i+=lowbit(i))
        for(int j=y;j<=n;j+=lowbit(j))
            c[i][j]+=z;
}

int sum(int x,int y) {//求从左上角(1,1)到右下角(x,y)子矩阵的区间和
    int s=0;
    for(int i=x;i>0;i-=lowbit(i))
        for(int j=y;j>0;j-=lowbit(j))
            s+=c[i][j];
    return s;
}

int sum(int x1,int y1,int x2,int y2) {//求从左上角(x1,y1)到右下角(x2,y2)子矩阵的区间和
    return sum(x2,y2)-sum(x1-1,y2)-sum(x2,y1-1)+sum(x1-1,y1-1);
}
```

2.5 线段树

2.5.1 基本操作

线段树（Segment Tree）是一种基于分治思想的二叉树，它的每个节点都对应一个 $[l, r]$区间，叶子对应的区间 $l=r$。若节点$[l, r]$不是叶子，则其左孩子对应的区间都为 $[l, (l+r)/2]$，右孩子对应的区间都为$[(l+r)/2+1, r]$。[1,10]区间的线段树如下图所示。

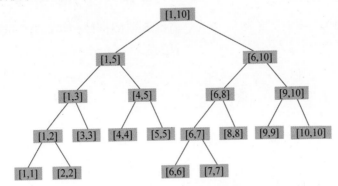

因为线段树对区间进行了二分，左、右子树相对平衡，所以树高为 $O(\log n)$，树上的操作大多与树高相关。线段树主要用于更新和查询，一般至少有一个是区间更新或查询。区间更新或查询的种类变化多样，灵活运用线段树可以解决多种问题。

1. 线段树的存储方式

对于区间最值（最大值或最小值）查询问题，线段树的每个节点都包含 3 个域：l、r、mx，其中 l 和 r 分别表示区间的左、右端点，mx 表示$[l, r]$区间的最值。本题以

查询区间最大值为例，若有 10 个元素 a[1,10]={5,3,7,2,12,1,6,4,8,15}，则构建的线段树如下图所示。

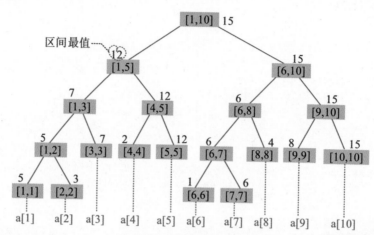

线段树除了最后一层，其他层构成一棵满二叉树，因此可以通过顺序存储方式用 tree[]数组存储节点。若一个节点的下标为 k，则其左孩子的下标为 $2k$，其右孩子的下标为 $2k+1$。

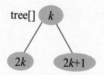

在线段树中，根的下标为 1，其左、右孩子的下标分别为 2、3，如下图所示。

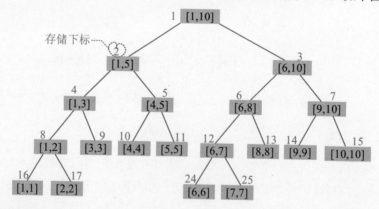

2. 创建线段树

可以用递归算法创建线段树，算法步骤如下。

（1）若节点是叶子（$l=r$），则其最值是对应位置的元素值。

（2）若节点不是叶子，则递归创建其左子树和右子树。

（3）节点的区间最值等于该节点左、右子树最值的最大值。

算法代码：

```
void build(int k,int l,int r){//创建线段树，节点的下标为k,节点对应的区间为[l,r]
    tree[k].l=l;//区间左端点
    tree[k].r=r;//区间右端点
    if(l==r){
        tree[k].mx=a[l];
        return;
    }
    int mid,lc,rc;
    mid=(l+r)/2;//划分点
    lc=k*2;   //左孩子的下标
    rc=k*2+1;//右孩子的下标
    build(lc,l,mid);//递归创建左子树
    build(rc,mid+1,r);//递归创建右子树
    tree[k].mx=max(tree[lc].mx,tree[rc].mx);//节点的最大值等于左、右孩子最值的最大值
}
```

3．点更新

点更新指修改一个元素的值，例如将 a[i]修改为 v，算法步骤如下。

（1）若节点是叶子，满足 $l=r$ 且 $l=i$，则修改该节点的最值为 v。

（2）若节点不是叶子，则判断是在左子树中更新还是在右子树中更新。

（3）返回时更新节点的最值。

例如，修改节点 5 的值为 14 时，从根向下查找第 5 个元素所在的叶子，将其最值修改为 14，返回时更新路径上所有节点的最值（左、右孩子最值的最大值）。

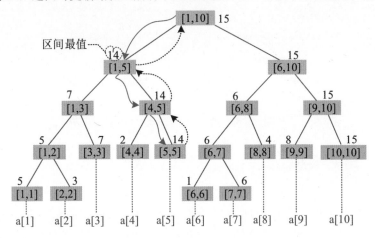

算法代码：

```
void update(int k,int i,int v){//将a[i]更新为v
    if(tree[k].l==tree[k].r&&tree[k].l==i){//找到a[i]
        tree[k].mx=v;
        return ;
    }
    int mid,lc,rc;
    mid=(tree[k].l+tree[k].r)/2;//划分点
    lc=k*2; //左孩子的下标
    rc=k*2+1;//右孩子的下标
    if(i<=mid)
        update(lc,i,v);//在左子树中更新
    else
        update(rc,i,v);//在右子树中更新
    tree[k].mx=max(tree[lc].mx,tree[rc].mx);//返回时更新最值
}
```

4．区间查询

区间查询指查询[l, r]区间的最值。用递归算法进行区间查询的算法步骤如下。

（1）若节点所在的区间被查询区间[l, r]覆盖，则返回该节点的最值。

（2）判断是在左子树中查询，还是在右子树中查询。

（3）返回最值。

例如，在[1,10]的线段树中查询[3,5]区间的最值，过程如下。

（1）计算根[1,10]的划分点，mid=(1+10)/2=5，待查询区间 $l=3$、$r=5$、$r \leqslant$mid，说明查询区间在左子树中，在左子树中查询。

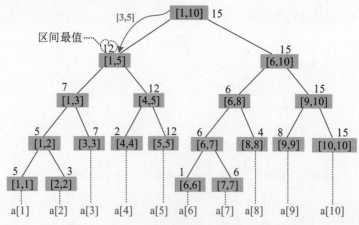

（2）计算左子树的根[1,5]的划分点，mid=(1+5)/2=3，待查询区间 $l=3$、$r=5$、$r>$mid、$l \leqslant$mid，说明查询区间横跨根的左、右子树，需要首先在左、右子树中查询[3,5]区间，然后求最大值。

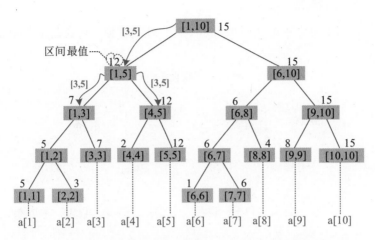

（3）计算左子树的根[1,3]的划分点，mid=(1+3)/2=2，待查询区间 *l*=3、*r*=5、*l*>mid，在右子树中查询，右子树[3,3]被查询区间覆盖，返回区间最值 7。

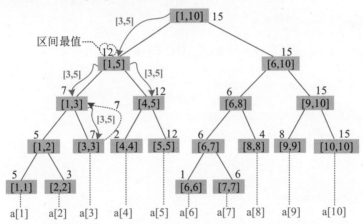

（4）[1,5]的右子树为[4,5]，被查询区间[3,5]覆盖，返回区间最值 12。

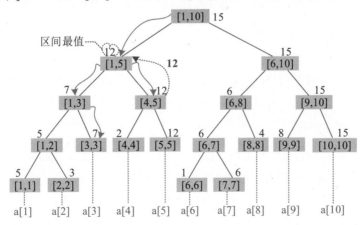

（5）左、右子树分别返回区间最值 7、12，求最大值，得到查询区间[3,5]的最值 12。

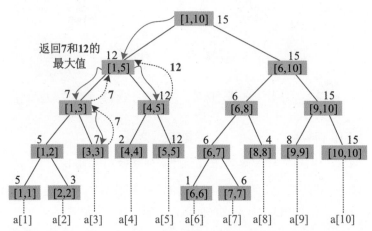

算法代码：

```
int query(int k,int l,int r){//查询[l,r]区间的最值
    if(tree[k].l>=l&&tree[k].r<=r)//查询区间覆盖该节点所在的区间
        return tree[k].mx;
    int mid,lc,rc;
    mid=(tree[k].l+tree[k].r)/2;//划分点
    lc=k*2;   //左孩子的下标
    rc=k*2+1;//右孩子的下标
    int Max=-inf;//注意：不可用全局变量
    if(l<=mid)
        Max=max(Max,query(lc,l,r));//在左子树中查询
    if(r>mid)
        Max=max(Max,query(rc,l,r));//在右子树中查询
    return Max;
}
```

2.5.2 懒操作

区间更新要求对区间的所有点都进行更新，若进行暴力更新，则时间复杂度较高，可以引入懒操作。下面讲解有懒标记的区间更新和区间查询操作。

1. 区间更新

将[*l*, *r*]区间的所有元素都更新（修改）为*v*，算法步骤如下。

（1）在线段树中查询[*l*, *r*]区间，若当前节点对应的区间被[*l*, *r*]区间覆盖，则仅对该节点进行更新并做懒标记，表示该节点已被更新，暂不更新该节点的孩子。

（2）若当前节点对应的区间未被[*l*, *r*]区间覆盖，则判断是在左子树中查询还是在右子树中查询。在查询过程中，若当前节点有懒标记，则将懒标记向下传递给孩子（将当前节点的懒标记清除，将孩子更新并做懒标记）。

（3）返回时更新最值。

例如，在[1,10]区间的线段树中更新[4,8]区间的所有元素为20，其过程如下。

（1）在线段树中查询[4,8]区间，判断该区间是否覆盖根区间[1,10]，根划分点 mid=(1+10)/2=5，查询区间横跨根的左、右子树，分别在根的左、右子树中查找[4,8]区间，若当前节点有懒标记，则向下传递懒标记。

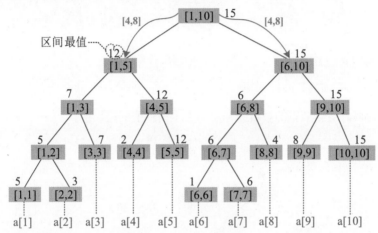

（2）在根的左子树[1,5]中查询[4,8]区间，划分点 mid=(1+5)/2=3，在其右子树[4,5]中查询[4,8]区间，若该节点有懒标记，则向下传递懒标记。待更新区间[4,8]正好覆盖[4,5]区间，更新[4,5]区间的最值并做懒标记。

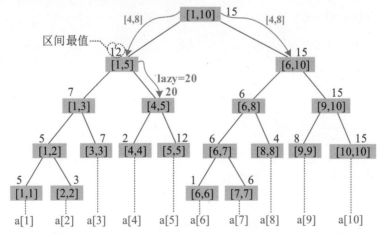

（3）在根的右子树[6,10]中查询[4,8]区间，划分点 mid=(6+10)/2=8，在其左子树[6,8]中查询[4,8]区间，若该节点有懒标记，则向下传递懒标记。待更新区间[4,8]正好覆盖

[6,8]区间，更新[6,8]区间的最值并做懒标记。

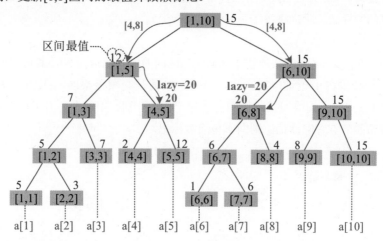

（4）返回时更新节点的最值为其左、右子树最值的最大值。

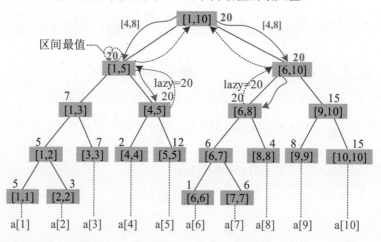

算法代码：

```
void lazy(int k,int v){//更新并做懒标记
    tree[k].mx=v;//更新最值
    tree[k].lz=v;//做懒标记
}

void pushdown(int k){//向下传递懒标记
    lazy(2*k,tree[k].lz);//向下传递给左孩子
    lazy(2*k+1,tree[k].lz);//向下传递给右孩子
    tree[k].lz=-1;//清除自己的懒标记
}

void update(int k,int l,int r,int v) {//将[l,r]区间的所有元素都更新为v
```

```
if(tree[k].l>=l&&tree[k].r<=r)//找到该区间
    return lazy(k,v);//更新并做懒标记
if(tree[k].lz!=-1)
    pushdown(k);//向下传递懒标记
int mid,lc,rc;
mid=(tree[k].l+tree[k].r)/2;//划分点
lc=k*2;  //左孩子的下标
rc=k*2+1;//右孩子的下标
if(l<=mid)
    update(lc,l,r,v);//在左子树中更新
if(r>mid)
    update(rc,l,r,v);//在右子树中更新
tree[k].mx=max(tree[lc].mx,tree[rc].mx);//返回时更新最值
}
```

2. 区间查询

有懒标记的区间查询与普通的区间查询有所不同，在查询过程中若遇到节点有懒标记，则向下传递懒标记，继续查询。例如，查询[6,7]区间的最值，过程如下。

（1）求根[1,10]的划分点，mid=(1+10)/2=5，待查询区间[6,7]在根的右子树中，继续判断，经过[6,8]区间时，该节点有懒标记，向下传递懒标记（清除当前节点的懒标记，向下传递至其左、右孩子）。

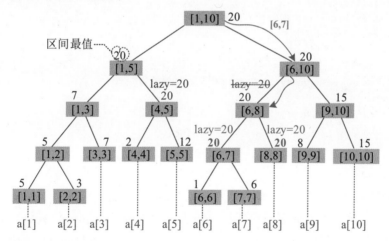

（2）继续判断，找到[6,7]区间，返回该区间的最值即可。

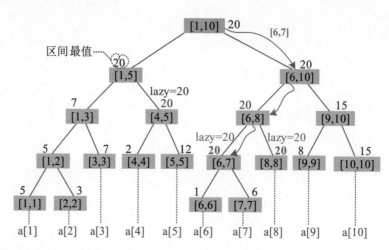

算法代码：

```
int query(int k,int l,int r) {//求[l,r]区间的最值
    int Max=-inf;
    if(tree[k].l>=l&&tree[k].r<=r)//找到该区间
        return tree[k].mx;
    if(tree[k].lz!=-1)
        pushdown(k);//向下传递懒标记
    int mid,lc,rc;
    mid=(tree[k].l+tree[k].r)/2;//划分点
    lc=k*2;   //左孩子的下标
    rc=k*2+1;//右孩子的下标
    if(l<=mid)
        Max=max(Max,query(lc,l,r));//在左子树中查询
    if(r>mid)
        Max=max(Max,query(rc,l,r));//在右子树中查询
    return Max;
}
```

3. 算法分析

线段树采用了分治算法策略，进行点更新、区间更新、区间查询均可在 $O(\log n)$ 时间内完成。树状数组和线段树都用于解决频繁修改和查询的问题，树状数组可以实现点更新、区间和查询，线段树可以实现点更新、区间更新和区间查询。树状数组比线段树节省空间，代码简单、易懂，但是线段树用途更广、更灵活，凡是可以用树状数组解决的问题都可以用线段树解决。

✏️ **训练 1　敌兵布阵**

题目描述（HDU1166）： A 国在海岸线沿直线布置了 n 个工兵营地。C 国通过先进的监测手段对 A 国每个工兵营地的人的数量都掌握得一清二楚。每个工兵营地的人的数量都可能改变，比如增加或减少。

输入：第 1 行为一个整数 t，表示有 t 组数据。每组数据的第 1 行都为一个正整数 n（$n \leqslant 50\ 000$），表示有 n 个工兵营地。接下来为 n 个正整数，第 i 个正整数 a_i 表示第 i 个工兵营地有 a_i 个人（$1 \leqslant a_i \leqslant 50$）。接下来的每一行都为一条命令，每组数据最多有 40 000 条命令，命令有 4 种形式：①Add $i\,j$，表示第 i 个工兵营地增加 j 个人（$j \leqslant 30$）；②Sub $i\,j$，表示第 i 个工兵营地减少 j 个人（$j \leqslant 30$）；③Query $i\,j$，$i \leqslant j$，表示查询第 $i \sim j$ 个工兵营地的人的总数量；④End，表示结束，在每组数据的最后出现。i 和 j 均为正整数。

输出：首先对第 i 组数据单行输出 "Case i:"，然后对每个 Query 语句都单行输出查询区间的人的总数量。

输入样例	输出样例
1	Case 1:
10	6
1 2 3 4 5 6 7 8 9 10	33
Query 1 3	59
Add 3 6	
Query 2 7	
Sub 10 2	
Add 6 3	
Query 3 10	
End	

题解：本题涉及点更新和区间查询，可以用树状数组或者线段树解决。

1. 算法设计

（1）创建线段树，节点存储区间和。

（2）点更新，查询到该点后进行点更新，返回时更新区间和。

（3）区间查询，首先查找该区间，然后返回区间和。

在创建线段树时可以用存储区间信息和不存储区间信息两种方法，在本题中用不存储区间信息的方法创建线段树，并对比两种区间查询方法。

2. 创建线段树的两种方法

创建线段树的方法不同，数据结构和区间查询时的参数也不同。

（1）节点存储区间信息。每个节点都存储区间信息 l、r，以及其他信息，如最值或区间和。在前面线段树的基本操作中就用到了这种方法，进行区间查询只需 3 个参数：待查询区间 L、R 和当前节点的编号。

（2）节点不存储区间信息。每个节点都不存储区间信息 l、r，仅存储其他信息如最值或区间和。进行区间查询时需要 5 个参数：待查询区间 L、R；当前节点的 l、r；当前节点的编号 rt。节点不存储区间信息构建线段树的代码如下。

```
#define lson l,m,rt<<1//左孩子
#define rson m+1,r,rt<<1|1//右孩子
void build(int l,int r,int rt){//构建线段树
    if(l==r){//叶子，读入数据
        scanf("%d",&sum[rt]);
        return ;
    }
    int m=(l+r)>>1;
    build(lson);//创建左子树
    build(rson);//创建右子树
    sum[rt]=sum[rt*2]+sum[rt*2+1];//更新区间和
}
```

3. 区间查询的两种方法

无论用哪种方法创建线段树，都可以用区间覆盖和区间相等两种方法进行区间查询。下面以节点不存储区间信息的区间和查询为例进行讲解。

（1）区间覆盖。判断条件为覆盖时，查询区间无须改变，一直是[L, R]，累加左、右两个查询区间的区间和。

```
int query(int L,int R,int l,int r,int rt){//区间查询1
    if(L<=l&&r<=R)//判断条件为覆盖，查询区间[L,R]覆盖当前节点所在的[l,r]区间
        return sum[rt];
    int m=(l+r)>>1;
    int ret=0;//定义变量，分两种情况累加区间和（或者求最值）
    if(L<=m) ret+=query(L,R,lson);//在左子树中查询
    if(R>m) ret+=query(L,R,rson); //在右子树中查询
    return ret;//返回结果
}
```

（2）区间相等。在判断条件为相等时，如果跨两个区间查询，则左、右子树的查询范围分别变为[L, m]、[$m+1$, R]。

```
int query(int L,int R,int l,int r,int rt){//区间查询2
    if(L==l&&r==R)//判断条件为相等，查询区间[L,R]等于当前节点所在的[l,r]区间
        return sum[rt];
    int m=(l+r)>>1;
    if(R<=m)//分3种情况直接返回结果
        return query(L,R,lson);
    else if(L>m)
            return query(L,R,rson);
        else return query(L,m,lson)+query(m+1,R,rson);//在左、右子树中查询
}
```

训练2　简单的整数问题

题目描述（**POJ3468**）：有 N 个整数 $A_1,A_2,\cdots,A_N$，对其进行两种操作：①对给定区间的每个数都添加一个给定的数；②查询给定区间的数的总和。

输入：第 1 行为 2 个数 N 和 Q（$1{\leqslant}N,Q{\leqslant}10^5$）；第 2 行为 N 个数，为 $A_1,A_2,\cdots,A_N$（$-10^9{\leqslant}A_i{\leqslant}10^9$）；接下来的 Q 行，每行都为一种操作，"$C\ a\ b\ c$"表示将 $A_a,A_{a+1},\cdots,A_b$ 中的每个数都加 c（$-10^4{\leqslant}c{\leqslant}10^4$），"$Q\ a\ b$"表示查询 $A_a,A_{a+1},\cdots,A_b$ 的总和。

输出：对于每个查询，都单行输出区间和。

输入样例	输出样例
10 5	4
1 2 3 4 5 6 7 8 9 10	55
Q 4 4	9
Q 1 10	15
Q 2 4	
C 3 6 3	
Q 2 4	

提示：总和可能超过 32 位整数的范围。

题解：本题涉及区间更新和区间查询两种操作。

1．算法设计

（1）创建线段树，每个节点都存储区间信息[l, r]及区间和 val。

（2）区间查询，在查询区间和的过程中若有懒标记，则将其向下传递。

（3）区间更新，首先查找区间，然后更新区间和并做懒标记，在查找过程中若有懒标记，则将其向下传递。

2．算法实现

```
void build(int x,int l,int r){//创建线段树
   t[x].l=l;t[x].r=r;
   if(l==r){
      scanf("%lld",&t[x].val);
      return;
   }
   int mid=(l+r)>>1;
   build(x*2,l,mid);
   build(x*2+1,mid+1,r);
   t[x].val=t[x*2].val+t[x*2+1].val;
}

void pushdown(int x){//向下传递懒标记
   if(t[x].lazy){
```

```
        t[x*2].lazy+=t[x].lazy;
        t[x*2].val+=t[x].lazy*(t[x*2].r-t[x*2].l+1);//懒标记的值乘以区间长度
        t[x*2+1].lazy+=t[x].lazy;
        t[x*2+1].val+=t[x].lazy*(t[x*2+1].r-t[x*2+1].l+1);
        t[x].lazy=0;//懒标记清零
    }
}

void update(int x,int l,int r,ll num){//区间更新，对区间中的每个元素都加num
    if(t[x].l==l&&t[x].r==r){
        t[x].val+=num*(t[x].r-t[x].l+1);//区间增量为num乘以区间长度
        t[x].lazy+=num;
        return;
    }
    pushdown(x);//向下传递懒标记
    int mid=(t[x].l+t[x].r)>>1;
    if(r<=mid)
        update(x*2,l,r,num);//在左子树中更新
    else if(l>mid)
            update(x*2+1,l,r,num); //在右子树中更新
        else update(x*2,l,mid,num),update(x*2+1,mid+1,r,num); //在左、右子树中更新
    t[x].val=t[x*2].val+t[x*2+1].val;
}

ll query(int x,int l,int r){//区间查询，查询[l,r]区间的区间和
    if(t[x].l==l&&t[x].r==r)
        return t[x].val;
    pushdown(x);
    int mid=(t[x].l+t[x].r)>>1;
    if(r<=mid)
        return query(x*2,l,r); //在左子树中查询
    else if(l>mid)
            return query(x*2+1,l,r); //在右子树中查询
        else return query(x*2,l,mid)+query(x*2+1,mid+1,r); //在左、右子树中查询
}
```

第 3 章

查找算法

3.1 散列表

线性表和树表中的查找都是通过比较关键字的方式进行的，查找效率取决于关键字的比较次数。有没有一种查找方法，不通过比较关键字就可以直接找到目标？

散列表，又被称为"哈希表"，是根据关键字直接进行访问的数据结构，通过散列函数将关键字映射到存储地址，建立关键字与存储地址之间的直接映射关系。这里的存储地址可以是数组下标、索引、内存地址等。

例如，关键字 key=(17,24,48,25)，散列函数 hash(key)=key%5，散列函数将关键字映射到存储地址（下标），将关键字存储到散列表的对应位置，如下图所示。

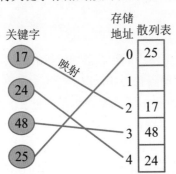

在上图中，若要查找 48，就可以通过散列函数得到其存储地址，直接找到该关键字。在散列表中进行查找的时间复杂度与表中的元素数量无关。在理想情况下，在散列表中进行查找的时间复杂度为 $O(1)$。但是，散列函数可能会把两个或两个以上的关键字映射到同一存储地址，导致发生冲突，发生冲突的不同关键字叫作"同义词"。例如，13 通过散列函数映射到的存储地址也是 3，与 48 的存储地址相同，则 13 与 48 为同义词。因此，在设计散列函数时应尽量避免冲突，若无法避免冲突，则需要设计处理冲突的方法。下面从散列函数、处理冲突的方法、散列查找及性能分析这些方面进行讲解。

3.1.1 散列函数

散列函数，又被称为"哈希函数"，是将关键字映射到存储地址的函数，被记为 hash(key)=Addr。散列函数的设计原则有两个：①尽可能简单，能够快速计算出任一关键字的散列地址；②映射到的存储地址应均匀分布在整个存储空间，避免聚集，以减少冲突。散列函数的设计原则可简化为四个字：简单、均匀。常见的散列函数构造方法包括直接定址法、除留余数法、随机数法、数字分析法、平方取中法、折叠法、基数转换法和全域散列法。

1. 直接定址法

直接定址法指直接取关键字的某个线性函数作为散列函数，其形式如下：

$$hash(key)=a×key+b$$

其中，a、b 为常数。

直接定址法适用于事先知道关键字、关键字集合不是很大且连续性较好的情况。若关键字不连续，则会出现大量空位，造成存储空间浪费。

例如，学生的学号为 {601001,601002,601003,…,601045}，设计散列函数为 hash(key)=key−601000，这样可以将学生的学号直接映射到存储地址，符合简单、均匀的设计原则。

2. 除留余数法

除留余数法是一种简单、常用的构造散列函数的方法，并且不需要事先知道关键字的分布情况。假定散列表的表长为 m，取一个不大于表长的最大素数 p，设计散列函数为 hash(key)=key%p，选择 p 为素数是为了避免发生冲突。在实际应用中，访问往往具有某种周期性，若周期与 p 有公共的素因子，则发生冲突的概率将迅速增加。例如手表中的齿轮，两个啮合齿轮的齿数最好是互质的，否则出现齿轮磨损、绞断的概率很大。因此，发生冲突的概率随着 p 所含素因子的增加而迅速增加，素因子越多，发生冲突的概率越大。

3. 随机数法

随机数法指首先将关键字随机化，然后通过除留余数法得到存储地址。设计散列函数为 hash(key)=rand(key)%p，其中，rand()为 C++中的随机函数，rand(n)表示求 0～n−1 的随机数。p 的取值和除留余数法相同。

4．数字分析法

数字分析法指根据每个数字在各个位上的出现频率，取均匀分布的若干位作为散列地址，适用于已知关键字集合的场景，可以通过观察和分析关键字集合得到散列函数。

例如，一个关键字集合如下图所示，第 1、2 位的数字完全相同，不需要考虑，第 4、7、8 位的数字只有个别不同，而第 3、5、6 位的数字均匀分布，可以将每个关键字的第 3、5、6 位的数字作为该关键字的散列地址，或者将每个关键字的第 3、5、6 位的数字的和作为该关键字的散列地址。

```
6  0  2  5  3  6  1  9
6  0  3  5  2  4  3  0
6  0  9  1  5  4  5  1  9
6  0  4  5  4  2  2  9
6  0  7  5  0  0  1  9
6  0  2  5  8  1  1  9
```

5．平方取中法

首先求关键字的平方，然后按散列表的大小，取中间的若干位作为散列地址（求平方值后截取），适用于事先不知道关键字的分布位置且关键字的位数不是很大的场景。

例如，散列地址为 3 位，计算关键字 10123 的散列地址，要取 10123^2 的中间 3 位数，即 475（10123^2=102475129）。

6．折叠法

折叠法指将关键字从左向右分割成位数相等的几部分，将这几部分叠加求和，取后几位作为散列地址，适用于事先不知道关键字的分布位置且关键字的位数很大的场景。叠加分为移位叠加和边界叠加两种。移位叠加指首先将分割后的每一部分的最低位对齐，然后相加求和；边界叠加如同折纸，指首先将相邻部分沿边界来回折叠，然后对齐相加。

例如，有一组关键字(4,5,2,0,7,3,7,9,6,0,3)，散列地址为 3 位。将关键字每 3 位划分一部分，叠加后将进位舍去，移位叠加后得到的散列地址为 324，边界叠加后得到的散列地址为 648，如下图所示。

```
452073796 03
```

```
452        452         452        452
073        073         370        370
796        796                    796
03       + 03          796      +  30
         1 324         30       1 648
```

(a)移位叠加   (b)边界叠加

7. 基数转换法

基数转换法指将十进制数转换为其他进制数，例如，将 345 转换为九进制数后为 423。另外，散列函数大多数是基于整数的，若关键字是浮点数，则可以首先将关键字乘以 M 并四舍五入得到整数，然后用散列函数；或者首先将关键字转换为二进制数，然后用散列函数。若关键字是字符，则可以首先将字符转换为 R 进制整数，然后用散列函数。

例如，在字符串 str="asabasarcsar…"中有 5 种字符，字符串的长度不超过 10^6，求在这个字符串中有多少个长度为 3 的不同子串。

（1）按字符串中的字符排列顺序统计出 5 种字符（不需要遍历整个串，得到 5 种字符即可），将其与数字对应：a-0；s-1；b-2；r-3；c-4。

（2）将所有长度为 3 的子串取出来，根据字符与数字的对应关系，将其转换为五进制数并用 hash[]数组标记其已出现，hash[]数组为 bool 类型的数组，将其初始化为 0，表示该子串未出现。

- "asa"：$0\times5^2+1\times5^1+0\times5^0=5$，hash[5]=1，计数 count=1。
- "sab"：$1\times5^2+0\times5^1+2\times5^0=27$，hash[27]=1，计数 count=2。
- "aba"：$0\times5^2+2\times5^1+0\times5^0=10$，hash[10]=1，计数 count=3。
- "bas"：$2\times5^2+0\times5^1+1\times5^0=51$，hash[51]=1，计数 count=4。
- "asa"：$0\times5^2+1\times5^1+0\times5^0=5$，hash[5]已为 1，表示该子串已被统计，不计数。
- ……

8. 全域散列法

若对关键字了解不多，则可以用全域散列法，将多种备选的散列函数放在一个集合 H 中，在实际应用中随机选择其中一个作为散列函数。若任意两个不同的关键字 key1≠key2，hash(key1)=hash(key2)的散列函数的数量最多为|H|/m，|H|为集合中散列函数的数量，m 为表长，则称"H 是全域的"。

无论如何设计散列函数，都无法避免冲突。处理冲突的方法有 3 种：开放地址法、链地址法、建立公共溢出区，下面进行详细讲解。

3.1.2 开放地址法

开放地址法是针对线性存储空间的解决方案，又被称为"闭散列"。当发生冲突时，用处理冲突的方法在线性存储空间内探测其他位置。hash'(key)=(hash(key)+d_i)%m，其中，hash(key)为原散列函数，hash'(key)为探测函数，d_i 为增量序列，m 为表长。

根据增量序列的不同，开放地址法分为线性探测法、二次探测法、随机探测法和再散列法。

1．线性探测法

线性探测法是最简单的开放地址法，线性探测的增量序列 $d_i=1,2,\cdots,m-1$。

例如，有一组关键字(14,36,42,38,40,15,19,12,51,65,34,25)，表长为 15，散列函数为 hash(key)=key%13，下面用线性探测法处理冲突，构造散列表。

完美图解：按照关键字的排列顺序，通过散列函数计算散列地址，若该存储空间为空，则直接放入；若该存储空间已存储数据，则用线性探测法处理冲突。

（1）hash(14)=14%13=1，将 14 放入 1 号存储空间；hash(36)=36%13=10，将 36 放入 10 号存储空间；hash(42)=42%13=3，将 42 放入 3 号存储空间；hash(38)=38%13=12，将 38 放入 12 号存储空间。

散列地址	0	1	2	3	4	5	6	7	8	9	10	11	12	13	14
关键字		14		42							36		38		
比较次数		1		1							1		1		

（2）hash(40)=40%13=1，1 号存储空间已存储数据，用线性探测法处理冲突。

$$hash'(40)=(hash(40)+d_i)\%m，d_i=1,2,\cdots,m-1，m\text{ 为表长}$$

- $d_1=1$：hash'(40)=(1+1)%15=2，2 号存储空间为空，将 40 放入该存储空间，1→2，比较 2 次。

散列地址	0	1	2	3	4	5	6	7	8	9	10	11	12	13	14
关键字		14	40	42							36		38		
比较次数		1	2	1							1		1		

（3）hash(15)=15%13=2，2 号存储空间已存储数据，采用线性探测法处理冲突。

$$hash'(15)=(hash(15)+d_i)\%m，d_i=1,2,\cdots,m-1，m\text{ 为表长}$$

- $d_1=1$：hash'(15)=(2+1)%15=3，3 号存储空间已存储数据，继续进行线性探测。
- $d_2=2$：hash'(15)=(2+2)%15=4，4 号存储空间为空，将 15 放入该存储空间。2→3→4，比较 3 次。

散列地址	0	1	2	3	4	5	6	7	8	9	10	11	12	13	14
关键字		14	40	42	15						36		38		
比较次数		1	2	1	3						1		1		

（4）hash(19)=19%13=6，将 19 放入 6 号存储空间；hash(12)=12%13=12，12 号存储空间已存储数据，用线性探测法处理冲突。

$$hash'(12)=(hash(12)+d_i)\%m，d_i=1,2,\cdots,m-1，m\text{ 为表长}$$

- $d_1=1$：hash'(12)=(12+1)%15=13，13 号存储空间为空，将 12 放入该存储空间。12→13，比较 2 次。

散列地址	0	1	2	3	4	5	6	7	8	9	10	11	12	13	14
关键字		14	40	42	15		19				36		38	12	
比较次数		1	2	1	3		1				1		1	2	

（5）hash(51)=51%13=12，12 号存储空间已存储数据，用线性探测法处理冲突。

$$hash'(51)=(hash(51)+d_i)\%m，\ d_i=1,2,\cdots,m-1，\ m\ 为表长$$

- $d_1=1$：hash'(51)=(12+1)%15=13，13 号存储空间已存储数据，继续进行线性探测。

- $d_2=2$：hash'(51)=(12+2)%15=14，14 号存储空间为空，将 51 放入该存储空间。12→13→14，比较 3 次。

散列地址	0	1	2	3	4	5	6	7	8	9	10	11	12	13	14
关键字		14	40	42	15		19				36		38	12	51
比较次数		1	2	1	3		1				1		1	2	3

（6）hash(65)=65%13=0，将 65 放入 0 号存储空间；hash(34)=34%13=8，将 34 放入 8 号存储空间；hash(25)=12%13=12，12 号存储空间已存储数据，用线性探测法处理冲突。

$$hash'(25)=(hash(25)+d_i)\%m，\ d_i=1,2,\cdots,m-1，\ m\ 为表长$$

- $d_1=1$：hash'(25)=(12+1)%15=13，13 号存储空间已存储数据，继续进行线性探测。

- $d_2=2$：hash'(25)=(12+2)%15=14，14 号存储空间已存储数据，继续进行线性探测。

- $d_3=3$：hash'(25)=(12+3)%15=0，0 号存储空间已存储数据，继续进行线性探测。

- $d_4=4$：hash'(25)=(12+4)%15=1，1 号存储空间已存储数据，继续进行线性探测。

- $d_5=5$：hash'(25)=(12+5)%15=2，2 号存储空间已存储数据，继续进行线性探测。

- $d_6=6$：hash'(25)=(12+6)%15=3，3 号存储空间已存储数据，继续进行线性探测。

- $d_7=7$：hash'(25)=(12+7)%15=4，4 号存储空间已存储数据，继续进行线性探测。

- $d_8=8$：hash'(25)=(12+8)%15=5，5 号存储空间为空，将 25 放入该存储空间。12→13→14→0→1→2→3→4→5，比较 9 次。

散列地址	0	1	2	3	4	5	6	7	8	9	10	11	12	13	14
关键字	65	14	40	42	15	25	19		34		36		38	12	51
比较次数	1	1	2	1	3	9	1		1		1		1	2	3

注意 线性探测法很简单，只要有存储空间，就一定能够探测到位置。但是，在处理冲突的过程中，会出现非同义词之间争夺同一个散列地址的现象，称之为"堆积"。例如，上图中 25 和 38 是同义词，25 和 12、51、65、14、40、42、15 均为非同义词，探测了 9 次才找到合适的位置，大大降低了查找效率。

性能分析：

（1）查找成功的平均查找长度。假设查找概率均等（12 个关键字，每个关键字的查找概率均为 1/12），查找成功的平均查找长度等于所有关键字查找成功的比较次数 c_i 乘以查找概率 p_i 之和。可以看出，1 次比较成功的有 7 个，2 次比较成功的有 2 个，3 次比较成功的有 2 个，9 次比较成功的有 1 个，乘以查找概率并求和。查找概率均为 1/12，也可以理解为将比较次数求和后除以 12。查找成功的平均查找长度 $ASL_{succ}=(1×7+2×2+3×2+9)/12=13/6$。

（2）查找失败的平均查找长度。本题中的散列函数为 hash(key)=key%13，计算得到的散列地址为(0,1,…,12)，共有 13 种查找失败的情况。查找失败的平均查找长度等于所有关键字查找失败的比较次数 c_i 乘以查找概率 p_i 之和。当 hash(key)=0 时，若该存储空间为空，则比较 1 次即可确定查找失败；若该存储空间非空，关键字又不相等，则继续用线性探测法向后查找，直到遇到空才能确定查找失败，计算比较次数。类似地，在 hash(key)=1,…,12 时也如此计算。

- hash(key)=0：从该位置向后一直比较到 7 时为空，查找失败，比较 8 次。
- hash(key)=1：从该位置向后一直比较到 7 时为空，查找失败，比较 7 次。
- hash(key)=2：从该位置向后一直比较到 7 时为空，查找失败，比较 6 次。
- hash(key)=3：从该位置向后一直比较到 7 时为空，查找失败，比较 5 次。
- hash(key)=4：从该位置向后一直比较到 7 时为空，查找失败，比较 4 次。
- hash(key)=5：从该位置向后一直比较到 7 时为空，查找失败，比较 3 次。
- hash(key)=6：从该位置向后一直比较到 7 时为空，查找失败，比较 2 次。
- hash(key)=7：该位置为空，查找失败，比较 1 次。
- hash(key)=8：从该位置向后一直比较到 9 时为空，查找失败，比较 2 次。
- hash(key)=9：该位置为空，查找失败，比较 1 次。
- hash(key)=10：从该位置向后一直比较到 11 时为空，查找失败，比较 2 次。
- hash(key)=11：该位置为空，查找失败，比较 1 次。

- hash(key)=12：从该位置向后比较到散列表的表尾，再从散列表的表头开始向后比较（像循环队列一样），一直比较到 7 时为空，查找失败，比较 11 次。

假设查找失败的概率均等（13 种失败情况，每种情况的发生概率均为 1/13），则查找失败的平均查找长度等于所有关键字查找失败的比较次数乘以概率之和。查找失败的平均查找长度 ASL_{unsucc}=(1×3+2×3+3+4+5+6+7+8+11)/13=53/13。

算法实现：

```
int H(int key){//散列函数
   return key%13;
}

int Linedetect(int HT[],int H0,int key,int &cnt){
   for(int i=1;i<m;++i){
      cnt++;
      int Hi=(H0+i)%m; //用线性探测法计算下一个散列地址Hi
      if(HT[Hi]==NULLKEY||HT[Hi]==key)
         return Hi;     //若单元Hi为空，则所查找元素不存在
   }
   return -1;
}

int SearchHash(int HT[],int key){
   //在散列表HT中查找key，若查找成功，则返回存储地址，否则返回-1
   int H0=H(key); //通过散列函数计算散列地址
   int Hi,cnt=1;
   if(HT[H0]==NULLKEY)//若单元H0为空，则所查找元素不存在
      return -1;
   else if(HT[H0]==key){//若单元H0中元素的关键字为key，则查找成功
         cout<<"查找成功，比较次数："<<cnt<<endl;
         return H0;
      }else{
         Hi=Linedetect(HT,H0,key,cnt);
         if(HT[Hi]==key){//若单元Hi中元素的关键字为key，则查找成功
            cout<<"查找成功，比较次数："<<cnt<<endl;
            return Hi;
         }
         else
            return -1;//若单元Hi为空，则所查找元素不存在
      }
}

bool InsertHash(int HT[],int key){
   int H0=H(key); //根据散列函数H(key)计算散列地址
   int Hi=-1,cnt=1;
```

```
if(HT[H0]==NULLKEY){
    HC[H0]=1;//统计比较次数
    HT[H0]=key; //若单元 H0 为空，则放入
    return 1;
}
else{
    Hi=Linedetect(HT,H0,key,cnt);//线性探测
    if((Hi!=-1)&&(HT[Hi]==NULLKEY)){
        HC[Hi]=cnt;
        HT[Hi]=key;//若单元 Hi 为空，则放入
        return 1;
    }
}
return 0;
}
```

2. 二次探测法

二次探测法指用前、后跳跃式探测的方法，发生冲突时，向后 1 位探测，向前 1 位探测，向后 2^2 位探测，向前 2^2 位探测……以跳跃式探测来避免堆积。二次探测的增量序列 $d_i=1^2, -1^2, 2^2, -2^2, \cdots, k^2, -k^2$ （$k \leqslant m/2$）。

例如，有一组关键字(14,36,42,38,40,15,19,12,51,65,34,25)，表长为 15，散列函数为 hash(key)=key%13，用二次探测法处理冲突，构造散列表。

完美图解：按照关键字的排列顺序，通过散列函数计算散列地址，若该存储空间为空，则直接放入；若该存储空间已存储数据，则用二次探测法处理冲突。

（1）hash(14)=14%13=1，将 14 放入 1 号存储空间；hash(36)=36%13=10，将 36 放入 10 号存储空间；hash(42)=42%13=3，将 42 放入 3 号存储空间；hash(38)=38%13=12，将 38 放入 12 号存储空间。

散列地址	0	1	2	3	4	5	6	7	8	9	10	11	12	13	14
关键字		14		42							36		38		
比较次数		1		1							1		1		

（2）hash(40)=40%13=1，1 号存储空间已存储数据，用二次探测法处理冲突。

$$hash'(40)=(hash(40)+d_i)\%m, \quad d_i=1^2, -1^2, 2^2, -2^2, \cdots, k^2, -k^2, \quad k \leqslant m/2$$

- $d_1=1^2$：$hash'(40)=(1+1^2)\%15=2$，2 号存储空间为空，将 40 放入该存储空间。1→2，比较 2 次。

散列地址	0	1	2	3	4	5	6	7	8	9	10	11	12	13	14
关键字		14	40	42							36		38		
比较次数		1	2	1							1		1		

（3）hash(15)=15%13=2，2 号存储空间已存储数据，用二次探测法处理冲突。

$$hash'(15)=(hash(15)+d_i)\%m，d_i=1^2，-1^2，2^2，-2^2，\cdots，k^2，-k^2，k \leqslant m/2$$

- $d_1=1^2$：hash'(15)=(2+1²)%15=3，3 号存储空间已存储数据，继续进行二次探测。
- $d_2=-1^2$：hash'(15)=(2−1²)%15=1，1 号存储空间已存储数据，继续进行二次探测。
- $d_3=2^2$：hash'(15)=(2+2²)%15=6，6 号存储空间为空，将 15 放入该存储空间。2→3→1→6，比较 4 次。

散列地址	0	1	2	3	4	5	6	7	8	9	10	11	12	13	14
关键字		14	40	42			15				36		38		
比较次数		1	2	1			4				1		1		

（4）hash(19)=19%13=6，6 号存储空间已存储数据，用二次探测法处理冲突。

- $d_1=1^2$：hash'(19)=(6+1²)%15=7，7 号存储空间为空，将 19 放入该存储空间。6→7，比较 2 次。

（5）hash(12)=12%13=12，12 号存储空间已存储数据，采用二次探测法处理冲突。

- $d_1=1^2$：hash'(12)=(12+1²)%15=13，13 号存储空间为空，将 12 放入该存储空间。12→13，比较 2 次。

散列地址	0	1	2	3	4	5	6	7	8	9	10	11	12	13	14
关键字		14	40	42			15	19			36		38	12	
比较次数		1	2	1			4	2			1		1	2	

（6）hash(51)=51%13=12，12 号存储空间已存储数据，用二次探测法处理冲突。

- $d_1=1^2$：hash'(51)=(12+1²)%15=13，13 号存储空间已存储数据，继续进行二次探测。
- $d_2=-1^2$：hash'(51)=(12−1²)%15=11，11 号存储空间为空，将 51 放入 11 号存储空间。12→13→11，比较 3 次。

散列地址	0	1	2	3	4	5	6	7	8	9	10	11	12	13	14
关键字		14	40	42			15	19			36	51	38	12	
比较次数		1	2	1			4	2			1	3	1	2	

（7）hash(65)=65%13=0，将 65 放入 0 号存储空间；hash(34)=34%13=8，将 34 放入 8 号存储空间。

散列地址	0	1	2	3	4	5	6	7	8	9	10	11	12	13	14
关键字	65	14	40	42			15	19	34		36	51	38	12	
比较次数	1	1	2	1			4	2	1		1	3	1	2	

（8）hash(25)=25%13=12，12 号存储空间已存储数据，用二次探测法处理冲突。

> **！注意**　在二次探测过程中若二次探测地址为负值，则加上表长即可。

- $d_1=1^2$：hash'(25)=(12+1^2)%15=13，已存储数据，继续进行二次探测。
- $d_2=-1^2$：hash'(25)=(12-1^2)%15=11，已存储数据，继续进行二次探测。
- $d_3=2^2$：hash'(25)=(12+2^2)%15=1，已存储数据，继续进行二次探测。
- $d_4=-2^2$：hash'(25)=(12-2^2)%15=8，已存储数据，继续进行二次探测。
- $d_5=3^2$：hash'(25)=(12+3^2)%15=6，已存储数据，继续进行二次探测。
- $d_6=-3^2$：hash'(25)=(12-3^2)%15=3，已存储数据，继续进行二次探测。
- $d_7=4^2$：hash'(25)=(12+4^2)%15=13，已存储数据，继续进行二次探测。
- $d_8=-4^2$：hash'(25)=(12-4^2)%15+15=11，已存储数据，继续进行二次探测。
- $d_9=5^2$：hash'(25)=(12+5^2)%15=7，已存储数据，继续进行二次探测。
- $d_{10}=-5^2$：hash'(25)=(12-5^2)%15+15=2，已存储数据，继续进行二次探测。
- $d_{11}=6^2$：hash'(25)=(12+6^2)%15=3，已存储数据，继续进行二次探测。
- $d_{12}=-6^2$：hash'(25)=(12-6^2)%15+15=6，已存储数据，继续进行二次探测。
- $d_{13}=7^2$：hash'(25)=(12+7^2)%15=1，已存储数据，继续进行二次探测。
- $d_{14}=-7^2$：hash'(25)=(12-7^2)%15+15=8，已存储数据，继续进行二次探测。

即 12→13→11→1→8→6→3→13→11→7→2→3→6→1→8。

已探测到$(m/2)^2$，还没找到位置，探测结束，此时仍有 4 个存储空间却探测失败。

> **！注意**　二次探测法是跳跃式探测方法，效率较高，但是会出现仍有存储空间却探测不到的情况，因而探测失败。而线性探测法只要有存储空间就一定能够探测成功。

算法实现：

```
int Seconddetect(int HT[],int H0,int key,int &cnt){
    for(int i=1;i<=m/2;++i){
        int i1=i*i,i2=-i1;
        cnt++;
        int Hi=(H0+i1)%m; //用二次探测法计算下一个散列地址 Hi
        if(HT[Hi]==NULLKEY||HT[Hi]==key)//若单元 Hi 为空，则所查找元素不存在
```

```
        return Hi;
    cnt++;
    Hi=(H0+i2)%m; //用二次探测法计算下一个散列地址 Hi
    if(Hi<0)
        Hi+=m;
    if(HT[Hi]==NULLKEY||HT[Hi]==key)//若单元 Hi 为空，则所查找元素不存在
        return Hi;
    }
    return -1;
}
```

3. 随机探测法

随机探测法通过随机化避免堆积，随机探测的增量序列 d_i=伪随机序列。

4. 再散列法

再散列法指在通过散列函数得到的存储地址发生冲突时，再利用第 2 个散列函数进行处理，又被称为"双散列法"。再散列法的增量序列 d_i=hash$_2$(key)。

> ⚠️ **注意** 用开放地址法处理冲突时，不能随便删除散列表中的元素，若删除元素，则会截断其他后续元素的探测，可以做一个删除标记，标记其已被删除。

3.1.3 链地址法

链地址法又被称为"拉链法"，将所有同义词（映射到同一存储地址的关键字）都存储在一个单链表中。链地址法适用于需要经常进行插入、删除的场景。

例如，有一组关键字(14,36,42,38,40,15,19,12,51,65,34,25)，表长为 15，散列函数为 hash(key)=key%13，用链地址法处理冲突，构造散列表。

完美图解：按照关键字的排列顺序，通过散列函数计算散列地址，若该存储空间为空，则直接放入；若该存储空间已存储数据，则用链地址法处理冲突。

- hash(14)=14%13=1，放入 1 号存储空间后面的单链表。
- hash(36)=36%13=10，放入 10 号存储空间后面的单链表。

下面分别计算剩余的所有关键字。

- hash(42)=42%13=3，hash(38)=38%13=12，hash(40)=40%13=1，
  hash(15)=15%13=2，hash(19)=19%13=6，hash(12)=12%13=12，
  hash(51)=51%13=12，hash(65)=65%13=0，hash(34)=34%13=8，
  hash(25)=25%13=12。

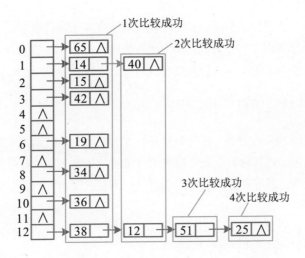

性能分析：

（1）查找成功的平均查找长度。假设查找概率均等（12 个关键字，每个关键字的查找概率均为 1/12），查找成功的平均查找长度等于所有关键字的比较次数乘以查找概率之和。从上图可以看出，1 次比较成功的有 8 个，2 次比较成功的有 2 个，3 次比较成功的有 1 个，4 次比较成功的有 1 个，其查找成功的平均查找长度为 $\text{ASL}_{\text{succ}} = (1 \times 8 + 2 \times 2 + 3 + 4)/12 = 19/12$。

（2）查找失败的平均查找长度。本题中的散列函数为 hash(key)=key%13，计算得到的散列地址为(0,1,…,12)，共有 13 种查找失败的情况。假设查找失败的概率均等（13 种失败情况，每种情况的发生概率均为 1/13），则查找失败的平均查找长度等于所有关键字查找失败的比较次数乘以概率之和。当 hash(key)=k 时，若 k 号存储空间后面的单链表有 x 个节点，则需要比较 $x+1$ 次才能确定查找失败。

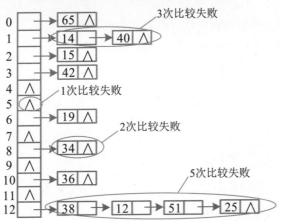

在上图中有 5 个单链表为空，1 次比较失败；有 6 个单链表有 1 个节点，2 次比较失败；有 1 个单链表有 2 个节点，3 次比较失败；有 1 个单链表有 4 个节点，5 次比较失败。其查找失败的平均查找长度为 $ASL_{unsucc}=(1×5+2×6+3+5)/13=25/13$。

3.1.4 建立公共溢出区

除了以上处理冲突的方法，也可以建立一个公共溢出区，当发生冲突时，将关键字放入公共溢出区。查找时，首先根据待查找关键字的散列地址在散列表中查找，若为空，则查找失败；若非空且关键字不相等，则到公共溢出区查找，若仍未找到，则查找失败。

3.1.5 散列查找及其性能分析

散列表虽然建立了关键字与存储位置之间的直接映射，但冲突不可避免。查找不同关键字的比较次数不同，因此散列表的查找效率通过平均查找长度衡量。其查找效率取决于 3 个因素：散列函数、装填因子、处理冲突的方法。

1. 散列函数

衡量散列函数好坏的标准是看其是否简单、均匀。散列函数计算简单，可以将关键字均匀映射到散列表中，避免大量关键字聚集在同一个地方，发生冲突的可能性就小。

2. 装填因子

散列表的装填因子 $α$=散列表中填入的关键字数量/散列表的长度。装填因子反映了散列表的装满程度，$α$ 越小，发生冲突的可能性越小；反之，$α$ 越大，发生冲突的可能性越大。例如，在散列表中填入的关键字数量为 12，表长为 15，则装填因子 $α$=12/15=0.8；若填入的关键字数量为 3，则装填因子 $α$=3/15=0.2。在表长为 15 的情况下只填 3 个，则发生冲突的可能性大大降低。但是装填因子过小也会造成存储空间浪费。

3. 平均查找长度

查找成功的平均查找长度等于所有关键字查找成功的比较次数 c_i 乘以查找概率 p_i 之和。若查找概率均等，n 为关键字的数量，则每个关键字的查找概率均为 $1/n$。

查找失败的平均查找长度等于所有关键字查找失败的比较次数 c_i 乘以查找概率 p_i 之和。若查找概率均等，hash(key)=key%p，存储地址有 p 个，则每个位置的查找概率为 1/p。在计算查找失败的比较次数时，不管是用线性探测法、二次探测法，还是用链地址法，遇到空时才会停止，空也算作一次比较。

 训练 雪花

题目描述（POJ3349）：已知每片雪花 6 个花瓣的长度，任何一对具有相同的花瓣排列顺序和花瓣长度的雪花都是相同的。

输入：第 1 行为一个整数 n（$0<n\leq10^5$），表示雪花的数量。接下来的 n 行，每行都描述一片雪花。每片雪花都将包含 6 个整数（每个整数都至少为 0 且小于 10^7），表示雪花的花瓣长度。花瓣长度将根据其在雪花上的排列顺序给出（顺时针或逆时针），但它们可以从 6 个花瓣中的任何一个开始。例如，相同的雪花可以被描述为 1 2 3 4 5 6 或 4 3 2 1 6 5。

输出：若所有的雪花都是不同的，则输出"No two snowflakes are alike."，否则输出"Twin snowflakes found."。

输入样例	输出样例
2	Twin snowflakes found.
1 2 3 4 5 6	
4 3 2 1 6 5	

题解：对本题可以用散列表解决，用链地址法处理冲突。对单链表用 vector 或链式前向星实现均可，但用 vector 实现时速度较慢。

1. 算法设计

（1）首先将雪花的 6 个花瓣长度求和，然后除以一个较大的质数 P 并取余，得到该雪花的 key。

（2）在散列表中查询值为 key 的单链表是否有相同的雪花，若有则返回 1，否则将该雪花的下标添加到值为 key 的单链表中。

（3）判断两片雪花是否相同时，需要从顺时针和逆时针两个方向进行。

2. 算法实现

```
int cmp(int a,int b){
    int i,j;
    for(i=0;i<6;i++){
        if(snow[a][0]==snow[b][i]){
            for(j=1;j<6;j++)//顺时针
                if(snow[a][j]!=snow[b][(j+i)%6])
                    break;
            if(j==6) return 1;
            for(j=1;j<6;j++)//逆时针
                if(snow[a][6-j]!=snow[b][(j+i)%6])
                    break;
            if(j==6) return 1;
```

```
        }
    }
    return 0;
}

bool find(int i){//用链地址法处理冲突，用vector实现
    int key,sum=0;
    for(int j=0;j<6;j++)
        sum+=snow[i][j];
    key=sum%P;
    for(int j=0;j<hash[key].size();j++){
        if(cmp(i,hash[key][j]))
            return 1;
    }
    hash[key].push_back(i); //将下标i添加到值为key的vector中
    return 0;
}

bool find(int i){ //用链地址法处理冲突，用链式前向星实现
    int key,sum=0;
    for(int j=0;j<6;j++)
        sum+=snow[i][j];
    key=sum%P;
    for(int j=head[key];j;j=e[j].next){
        if(cmp(i,e[j].to))
            return 1;
    }
    addhash(key,i); //将下标i添加到值为key的链表中
    return 0;
}
```

3.2 字符串模式匹配

字符串，又叫作"串"，是由 0 个或多个字符组成的有限序列。对字符串通常用双引号括起来，例如 s="abcdef"，s 为字符串的名称，双引号里面的内容为字符串的值。

- 串长：字符串中字符的数量，例如 s 的串长为6。
- 空串：零个字符的字符串，串长为0。
- 子串和主串：字符串中任意连续的字符组成的子序列，被称为该字符串的"子串"，原字符串被称为子串的"主串"。例如 t="cde"，t 是 s 的子串。子串在主串中的位置，用子串的第 1 个字符在主串中的位置表示。t 在 s 中的位置为3，如下图所示。

主串 *s*   a b c d e f
子串 *t*   c d e

- 空格串：全部由空格组成的字符串为空格串，空格串不是空串。

!注意　空格也算一个字符，例如 *s*="abc fg"，*s* 的串长为 6。

3.2.1　BF 算法

子串的定位运算被称为"串的模式匹配"或"串匹配"。假设有两个字符串 *s*、*t*，设 *s* 为主串，也称之为"正文串"；*t* 为子串，也称之为"模式串"。在 *s* 中查找与 *t* 匹配的子串，若查找成功，则返回匹配的子串的第 1 个字符在 *s* 中的位置。

最"笨"的算法就是穷举 *s* 中的所有子串，判断其是否与 *t* 匹配，该算法被称为"BF 算法"（Brute Force Algorithm，暴力穷举算法）。

1. 算法步骤

（1）*i*=0，*j*=0，若 s[*i*]=t[*j*]，则 *i*++，*j*++，继续比较，否则转向下一步。

（2）*i*=1，*j*=0，若 s[*i*]=t[*j*]，则 *i*++，*j*++，继续比较，否则转向下一步。

（3）……

（4）若 *t* 比较完毕，则返回 *t* 的第 1 个字符在 *s* 中的位置。

（5）若 *s* 比较完毕，则返回 0，说明 *t* 在 *s* 中未出现。

2. 完美图解

例如，*s*="abaabaabeca"，*t*="abaabe"，求 *t* 在 *s* 中的位置。

（1）*i*=0，*j*=0，若 s[*i*]=t[*j*]，则 *i*++，*j*++，继续比较，否则转向下一步。

```
      i                              i
s   (a) b  a  a  b  a  a  b  e  c  a    s  (a) b  a  a  b  a  a  b  e  c  a
t    a  b  a  a  b  e                   t   a  b  a  a  b  e
     j                                                  j
```

（2）*i* 回退到 *i*–*j*+1，*i*–*j*+1=5–5+1=1，*j* 回退到 0。若 s[*i*]=t[*j*]，则 *i*++，*j*++，继续比较，否则转向下一步。

```
         i
s   a  (b) a  a  b  a  a  b  e  c  a
t      a  b  a  a  b  e
          j
```

解释：为什么 *i* 要回退到 *i*–*j*+1 呢？若本趟开始位置的字符是 a，则下一趟开始位置的字符就是 a 的下一个字符 b，这个位置的下标正好是 $i-j+1$。

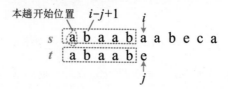

（3）i 回退到 $i-j+1$，$i=2-1+1=2$，j 回退到 0。若 s[i]=t[j]，则 i++，j++，继续比较，否则转向下一步。

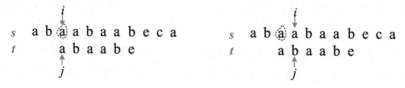

（4）i 回退到 $i-j+1$，$i=4-2+1=3$，j 回退到 0。若 s[i]=t[j]，则 i++，j++，继续比较，此时 t 比较完毕。

（5）t 比较完毕，返回 t 的第 1 个字符在 s 中的位置，即 $i-m+1=9-6+1=4$，m 为 t 的串长。

> ⚠ **注意** 位置的下标从 0 开始，位序从 1 开始，例如第 1 个位置、第 2 个位置。

3. 算法实现

```
int BF(string s,string t,int pos){//从 s 的 pos 下标开始，查找 t 的第 1 个字符在 s 中的位置
    int i=pos,j=0;
    int slen=s.length();
    int tlen=t.length();
    while(i<slen&&j<tlen){
        if(s[i]==t[j]) //若相等，则继续比较后面的字符
            i++,j++;
        else{
            i=i-j+1; //i 回退到上一轮开始比较的下一个字符
            j=0;  //j 回退到第 1 个字符
        }
    }
    if(j>=tlen) //匹配成功
        return i-tlen+1;
    else
```

```
        return 0;
}
```

4. 算法分析

假设 s、t 的串长分别为 n、m，则对 BF 算法的时间复杂度分析如下。

1）最好情况

在最好情况下，每次匹配都在第 1 次比较时发现不相等。假设第 k 次匹配成功，则前 $k-1$ 次匹配都进行了 1 次比较，共 $k-1$ 次，在第 k 次匹配成功时进行了 m 次比较，总的比较次数为 $k-1+m$。在匹配成功的情况下，最多需要 $n-m+1$ 次匹配。假设每次匹配成功的概率均等，概率为 $p_k=1/(n-m+1)$，则在最好情况下匹配成功的平均比较次数如下：

$$\sum_{k=1}^{n-m+1} p_k(k-1+m) = \frac{1}{n-m+1} \sum_{k=1}^{n-m+1}(k-1+m) = \frac{1}{2}(n+m)$$

最好情况下的时间复杂度为 $O(n+m)$。

2）最坏情况

在最坏情况下，每次匹配都比较到 t 的最后一个字符时发现不相等，回退并重新开始比较，这样每次匹配都需要比较 m 次。假设第 k 次匹配成功，则前 $k-1$ 次匹配都进行了 m 次比较，在第 k 次匹配成功时也进行了 m 次比较，总的比较次数为 $k\times m$。在匹配成功的情况下，最多需要 $n-m+1$ 次匹配。假设每次匹配成功的概率均等，概率为 $p_k=1/(n-m+1)$，则在最坏情况下匹配成功的平均比较次数如下：

$$\sum_{k=1}^{n-m+1} p_k(k\times m) = \frac{1}{n-m+1} \sum_{k=1}^{n-m+1}(k\times m) = \frac{1}{2}m(n-m+2)$$

最坏情况下的时间复杂度为 $O(n\times m)$。

3.2.2 KMP 算法

实际上，完全没必要从 s 的每一个字符开始暴力穷举每一种情况，Knuth、Morris 和 Pratt 对 BF 算法进行了改进，改进后的算法被称为 "KMP 算法"。

再回头看 3.2.1 节中的例子：$i=0$，$j=0$，若 $s[i]=t[j]$，则 $i++$，$j++$，继续比较，否则转向下一步。

按照 BF 算法，若不相等，则 i 回退到 $i–j+1$，j 回退到 0，即 $i=1$，$j=0$。

```
          i
          ↓
s   a b a a b a a b e c a
t     a b a a b e
          ↑
          j
```

其实 i 不用回退，j 回退到 2 接着比较即可。

```
              i
              ↓
s   a b a a b a a b e c a
t         a b a a b e
              ↑
              j
```

是不是像 t 向右滑动了一段距离？j 为什么回退到 2 而不是 1 或 3？

因为 t 中开头的两个字符和 i 指向的字符前面的两个字符一模一样，所以 j 可以回退到 2 继续比较。

```
            i                           i
            ↓                           ↓
s   a b a a b a a b e c a     s   a b a a b a a b e c a
t   a b a a b e                 t       a b a a b e
            ↑                               ↑
            j                               j
```

怎么知道 t 中开头的两个字符和 i 指向的字符前面的两个字符是否一模一样？难道还要比较？通过观察，发现 i 指向的字符前面的两个字符和 t 中 j 指向的字符前面的两个字符一模一样，因为它们一直相等，所以 i++、j++，走到当前位置。

```
              i
              ↓
s   a b a a b a a b e c a
t     a b a a b e
              ↑
              j
```

也就是说，不必判断 t 中开头的两个字符和 i 指向的字符前面的两个字符是否一模一样，只需在 t 中比较即可。假设 t 中当前 j 指向的字符前面的所有字符都为 t'，则只需比较 t' 的前缀和后缀即可。

```
              i
              ↓
s   a b a a b a a b e c a
t     a b a a b e
t'            ↑
              j
```

前缀是从前向后取的若干字符，后缀是从后向前取的若干字符，但是都不可以取字符串本身。若串长为 n，则前缀和后缀的长度最多为 $n-1$。

$$t' \quad \boxed{\text{a}} \; \text{b} \; \text{a} \; \text{a} \; \boxed{\text{b}}$$
$$\quad\quad \text{前缀} \quad\quad\quad \text{后缀}$$

要判断 $t'=$"abaab"的前缀和后缀是否相等，需要找相等前缀和后缀的最大长度。

- 长度为 1：前缀为"a"，后缀为"b"，不相等。
- 长度为 2：前缀为"ab"，后缀为"ab"，相等。
- 长度为 3：前缀为"aba"，后缀为"aab"，不相等。
- 长度为 4：前缀为"abaa"，后缀为"baab"，不相等。

相等前缀和后缀的最大长度 $l=2$，j 可以回退到 2 继续比较。因此当 i、j 指向的字符不相等时，只需求出 t' 的相等前缀和后缀的最大长度 l，i 不变，j 回退到 l 继续比较即可。

若 next[j]表示 j 需要回退的位置，$t'=$"$t_0 t_1 \cdots t_{j-1}$"，则 next[j]的通用计算公式如下：

$$\text{next}[j] = \begin{cases} -1 & , \; j = 0 \\ l_{\max} & , \; t' \text{的相等前缀和后缀的最大长度为} l_{\max} \\ 0 & , \; \text{没有相等的前缀和后缀} \end{cases}$$

根据公式很容易求解 $t=$"abaabe"的 next[]数组，过程如下。

（1）$j=0$：next[0]=−1。

（2）$j=1$：$t'=$"a"，没有前缀和后缀，next[1]=0。

（3）$j=2$：$t'=$"ab"，前缀为"a"，后缀为"b"，不相等，next[2]=0。

（4）$j=3$：$t'=$"aba"，前缀为"a"，后缀为"a"，相等且 $l=1$；前缀为"ab"，后缀为"ba"，不相等，next[3]=l=1。

（5）$j=4$：$t'=$"abaa"，前缀为"a"，后缀为"a"，相等且 $l=1$；前缀为"ab"，后缀为"aa"，不相等；前缀为"aba"，后缀为"baa"，不相等，next[4]=l=1。

（6）$j=5$：$t'=$"abaab"，前缀为"a"，后缀为"b"，不相等；前缀为"ab"，后缀为"ab"，相等且 $l=2$；前缀为"aba"，后缀为"aab"，不相等；前缀为"abaa"，后缀为"baab"，不相等；取最大长度 2，next[5]=l=2。

（7）$j=6$：$t'=$"abaabe"，前缀和后缀都不相等，next[6]=0。

t 的 next[]数组如下表所示。

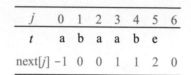

这样比较所有前缀和后缀的方式，是不是也属于暴力穷举？

1. 完美图解

完全没必要暴力穷举所有前缀和后缀，可以通过动态规划递推结果。假设已经知道 next[j]=k，t'="$t_0t_1\cdots t_{j-1}$"，则 t'的相等前缀和后缀的最大长度为 k。

$$\underbrace{t_0t_1\cdots t_{k-1}}_{\text{长度}k} = \underbrace{t_{j-k}t_{j-k+1}\cdots t_{j-1}}_{\text{长度}k}$$

那么 next[j+1]等于什么？考察以下两种情况。

（1）t_k=t_j：next[j+1]=k+1，即相等前缀和后缀的长度比 next[j]多 1。

$$t_0t_1\cdots t_{k-1}\underbrace{\boxed{t_k} = t_{j-k}t_{j-k+1}\cdots t_{j-1}\boxed{t_j}}_{\text{相等}}$$

（2）t_k≠t_j：当两者不相等时，又进行这两个字符串的模式匹配，回退并查找 k'=next[k]的位置，比较 t_k和 t_j是否相等。

$$t_{j-k}t_{j-k+1}\cdots t_{j-1}\boxed{t_j}$$
$$t_0t_1\cdots\boxed{t_{k'}}\cdots t_{k-1}\boxed{t_k}$$
$$\underset{\text{next}[k]}{\uparrow}$$

若 t_k和 t_j相等，则 next[j+1]=k'+1。若 t_k和 t_j不相等，则继续回退并查找 k''=next[k']，比较 $t_{k''}$和 t_j是否相等。

$$t_{j-k}t_{j-k+1}\cdots t_{j-1}\boxed{t_j}$$
$$t_0t_1\cdots\boxed{t_{k''}}\cdots t_{k'}\cdots\boxed{t_k}$$
$$\underset{\text{next}[k']}{\uparrow}$$

若 $t_{k''}$和 t_j相等，则 next[j+1]=k''+1。若 $t_{k''}$和 t_j不相等，则继续回退并查找，直到 next[0]=-1 时停止，此时 next[j+1]=-1+1=0，即从 0 开始比较。

求解 next[]数组的代码如下。

```cpp
void get_next(string t){//求子串 t 的 next()函数
    int j=0,k=-1;
    next[0]=-1;
    while(j<tlen){//t 的串长
        if(k==-1||t[j]==t[k])
            next[++j]=++k;
```

```
        else
            k=next[k];
    }
}
```

用上述方法再次求解 *t*="abaabe"的 next[]数组，过程如下。

（1）初始化时，next[0]=−1，*j*=0，*k*=−1，进入循环，判断 *k*=−1，执行代码 next[++*j*]=++*k*，即 next[1]=0，此时 *j*=1，*k*=0。

（2）进入循环，判断是否满足 t[*j*]=t[*k*]，t[1]≠t[0]，执行代码 *k*=next[*k*]，即 *k*=next[0]=−1，此时 *j*=1，*k*=−1。

（3）*k*=−1，执行代码 next[++*j*]=++*k*，即 next[2]=0，此时 *j*=2，*k*=0。

（4）t[2]=t[0]，执行代码 next[++*j*]=++*k*，即 next[3]=1，此时 *j*=3，*k*=1。

（5）t[3]≠t[1]，执行代码 *k*=next[*k*]，即 *k*=next[1]=0，此时 *j*=3，*k*=0。

（6）t[3]=t[0]，执行代码 next[++*j*]=++*k*，即 next[4]=1，此时 *j*=4，*k*=1。

（7）t[4]=t[1]，执行代码 next[++*j*]=++*k*，即 next[5]=2，此时 *j*=5，*k*=2。

（8）t[5]≠t[2]，执行代码 *k*=next[*k*]，即 *k*=next[2]=0，此时 *j*=5，*k*=0。

（9）t[5]≠t[0]，执行代码 *k*=next[*k*]，即 *k*=next[0]=−1，此时 *j*=5，*k*=−1。

（10）*k*=−1，执行代码 next[++*j*]=++*k*，即 next[6]=0，此时 *j*=6，*k*=0。

（11）此时 *j*=tlen，字符串处理完毕，算法结束。

是不是与穷举前缀和后缀的结果一模一样？有了 next[]数组，就很容易进行模式匹配了，当 s[*i*]≠t[*j*]时，*i* 不动，*j* 回退到 next[*j*]继续比较即可。

2. 算法实现

```
int KMP(string s,string t,int pos){
    int i=pos,j=0;
    slen=s.length();
    tlen=t.length();
    get_next(t);
    while(i<slen&&j<tlen){
        if(j==-1||s[i]==t[j])//若相等，则继续比较后面的字符
            i++, j++;
        else
            j=next[j];//j 回退到 next[j]
    }
    if(j>=tlen) //匹配成功
        return i-tlen+1;
    else
        return -1;
}
```

3. 算法分析

在 KMP 算法中，设 s、t 的串长分别为 n、m，i 不回退，当 $s[i] \neq t[j]$ 时，j 回退到 next[j]，继续比较。在最坏情况下扫描整个 s，其时间复杂度为 $O(n)$。计算 next[] 数组时需要扫描整个 t，其时间复杂度为 $O(m)$，因此总时间复杂度为 $O(n+m)$。

需要注意的是，尽管 BF 算法在最坏情况下的时间复杂度为 $O(n \times m)$，KMP 算法在最坏情况下的时间复杂度为 $O(n+m)$，但是在实际应用中，BF 算法的时间复杂度一般为 $O(n+m)$，因此仍然有很多地方用 BF 算法进行模式匹配。只有在主串和子串有很多部分匹配的情况下，KMP 算法才显得更优越。

4. 改进后的 KMP 算法

在 KMP 算法中，用 next[] 数组求解非常方便、迅速，但是也有一个问题：当 $s_i \neq t_j$ 时，j 回退到 next[j]（k=next[j]），将 s_i 与 t_k 进行比较。这样的确没错，但是若 $t_j = t_k$，这次比较就没必要了，刚才正是因为 $s_i \neq t_j$ 才回退的，$t_j = t_k$，所以 $s_i \neq t_k$，完全没必要再进行比较了。接着回退，找下一个位置 next[k]，继续比较即可。

$$s_0 s_1 \quad \cdots \quad s_{i-1} \, \widehat{s_i}$$
$$t_0 t_1 \cdots \widehat{t_k} \cdots t_{j-1} \, \widehat{t_j}$$
$$\text{next}[j]$$

也就是说，当 $s_i \neq t_j$ 时，本来应该 j 回退到 next[j]（k=next[j]），将 s_i 与 t_k 进行比较。但是若 $t_k = t_j$，则不需要进行比较，继续回退到下一个位置 next[k]，减少了一次无效比较。

$$s_0 s_1 \quad \cdots \quad s_{i-1} \, \widehat{s_i}$$
$$t_0 t_1 \cdots \widehat{t_k} \cdots t_k \cdots t_{j-1} \, \widehat{t_j}$$
$$\text{next}[k]$$

字符串 t ="aaaab" 的 next[] 数组和改进后的 next[] 数组如下图所示。

j	0	1	2	3	4	5
t	a	a	a	a	b	
next[j]	-1	0	1	2	3	0

j	0	1	2	3	4	5
t	a	a	a	a	b	
next[j]	-1	-1	-1	-1	3	0

用 KMP 算法在 s="aabaaabaaaabea" 中查找 t，若用 next[] 数组，则需要比较 19 次才能匹配成功；若用改进后的 next[] 数组，则比较 14 次即可匹配成功。

求解改进后的 next[] 数组的代码如下。

```
void get_next2(string t){ //改进后的next[]数组
    int j=0,k=-1;
```

```
next[0]=-1;
while(j<tlen){//t 的串长
    if(k==-1||t[j]==t[k]){
        j++,k++;
        if(j<tlen&&t[j]==t[k])  //增加越界判断
            next[j]=next[k];
        else
            next[j]=k;
    }
    else
        k=next[k];
}
}
```

改进后的 KMP 算法只是在求解 next[]数组时从常数上有所改进，其时间复杂度仍为 $O(n+m)$，其中 n、m 分别为 s、t 的串长。

训练 1　统计单词数

题目描述（**P1308**）：文本编辑器一般都有查找单词的功能，能快速定位特定单词在文章中的位置，有的还能统计特定单词在文章中的出现次数。给定一个单词，请输出它在给定文章中的出现次数和第 1 次出现时的位置。匹配单词时，不区分大小写，但要求完全匹配，即给定的单词必须与文章中某一独立的单词在不区分大小写的情况下完全相同（参见输入样例 1），若给定的单词仅是文章中某一单词的一部分，则不算匹配（参见输入样例 2）。

输入：第 1 行为一个单词字符串，只包含字母；第 2 行为一个文章字符串，只包含字母和空格。1≤单词长度≤10，1≤文章长度≤1 000 000。

输出：若在文章中找到给定的单词，则输出以空格隔开的两个整数，分别表示单词在文章中的出现次数和第 1 次出现时的位置（即在文章中第 1 次出现时，单词首字母在文章中的位置，位置从 0 开始）；若单词在文章中没有出现，则输出–1。

输入样例	输出样例
To	2 0
to be or not to be is a question	–1
to	
Did the Ottoman Empire lose its power	
at that time	

题解：本题为字符串匹配问题，需要注意两个问题：①不区分大小写；②完全匹配。对第①个问题很容易解决，将所有字母都统一转换为小写或大写即可。对第②个问题可以用首、尾补空格的办法解决，例如单词为"Abc"，文章为"xYabc aBc"，首

先将其全部转换为小写字母，然后在单词和文章的首、尾分别补空格，单词为"⎵abc⎵"，文章为"⎵xyabc⎵abc⎵"，空格为不可见字符，为了表达清楚，用"⎵"表示。这样就可以在文章中查找单词，保证完全匹配。

1. 算法设计

（1）读入单词和文章，在文章的首、尾分别补空格。

（2）将单词和文章全部转换为小写字母。

（3）在文章中查询单词第 1 次出现时的位置 posfirst，若查询失败，则输出−1，算法结束。

（4）令 t=posfirst+len1−1，出现次数 cnt=1。若 t<len2，则从 t 位置开始在文章中查找单词，若匹配成功，t=BF(word,sentence,t)，则 cnt++，更新 t=t+len1−1，继续搜索。

2. 算法实现

```
void tolower(char *a){//全部大写转小写
    for(int i=0;a[i];i++)
      if(a[i]>='A'&&a[i]<='Z')
          a[i]+=32;
}

int BF(char *w,char *s,int pos){//模式匹配 BF 算法
    int i=pos;
    int j=0;//下标从 0 开始
    while(j<len1&&i<len2){
        if(s[i]==w[j]){
            i++;
            j++;
        }
        else{
            i=i-j+1;
            j=0;
        }
    }
    if (j>=len1)//匹配成功
        return i-len1;
    return -1;
}

int main(){
    char word[16],sentence[1000010];
    cin.getline(word+1,16);//输入时，0 单元空出来不存储
    cin.getline(sentence+1,1000005);
    word[0]=' ';//首、尾补空格
```

```
len1=strlen(word);
word[len1++]=' ';
word[len1]='\0';
sentence[0]=' ';//首、尾补空格
len2=strlen(sentence);
sentence[len2++]=' ';
sentence[len2]='\0';
tolower(word);
tolower(sentence);
int posfirst=BF(word,sentence,0);//记录单词第1次出现时的位置
if(posfirst==-1){
    cout<<-1;
    return 0;
}
int cnt=1;//能走到这里，说明单词已出现一次
int t=posfirst+len1-1;
while(t<len2){
    t=BF(word,sentence,t);
    if(t==-1)
        break;
    cnt++;
    t=t+len1-1;
}
cout<<cnt<<" "<<posfirst;
return 0;
}
```

训练 2　字符串匹配

题目描述（**P3375**）：给定两个字符串 s_1 和 s_2，若 s_1 的 $[l, r]$ 区间的子串与 s_2 完全相同，则称 s_2 在 s_1 中出现了，其出现位置为 l。请求出 s_2 在 s_1 中出现的所有位置。定义一个字符串 s 的 border 为 s 的一个非 s 本身的子串 t，满足 t 既是 s 的前缀，又是 s 的后缀。对于 s_2，还需要求出对于其每个前缀的最长 border 的长度。

输入：第 1 行为字符串 s_1；第 2 行为字符串 s_2。$1 \leq |s_1|, |s_2| \leq 10^6$，字符串只含大写英文字母。

输出：输出若干行，每行一个整数，按从小到大的顺序输出 s_2 在 s_1 中出现的位置。最后一行输出 $|s_2|$ 个整数，第 i 个整数表示 s_2 的长度为 i 的前缀的最长 border 的长度。

输入样例	输出样例
ABABABC	1
ABA	3
	0 0 1

题解：本题实质上是模式匹配和求解 KMP 算法中 next[] 数组的问题。

1. 算法设计

（1）输入字符串 s 和 t，用 KMP 算法从头开始查找 t 在 s 中出现的位置。

（2）求解 t 的 next[] 数组。next[i] 表示 t 的长度为 i 的前缀的最长 border 的长度。

2. 算法实现

```
void get_next(string t){//求子串t的next()函数
    int j=0,k=-1;
    next[0]=-1;
    while(j<tlen){//t的串长
        if(k==-1||t[j]==t[k])
            next[++j]=++k;
        else
            k=next[k];
    }
}

void KMP(string s,string t){
    int i=0,j=0;
    slen=s.length();
    tlen=t.length();
    get_next(t);
    while(i<slen){
        if(j==-1||s[i]==t[j]){//若相等，则继续比较后面的字符
            i++;
            j++;
        }
        else
            j=next[j]; //j回退到next[j]
        if(j==tlen){ //匹配成功
            cout<<i-tlen+1<<endl;//位置从1开始
            j=next[j];
        }
    }
}
```

3.3 字典树（Trie 树）

字典树，又称"Trie 树"，是一种树形结构，也是散列树的一种变种，主要用于统计、排序和存储大量的字符串（但不限于字符串），所以经常被搜索引擎用于文本词频统计。它的优点：利用字符串的公共前缀来减少查询时间，最大限度地减少无谓的字符串比较，查询效率比散列树高。

字典树是用于字符串快速检索的多叉树，每个节点都包含多个字符指针，将从根到某一节点路径上经过的字符连接起来，形成该节点对应的字符串。

例如，bee 是一个单词，beer 也是一个单词，此时可以在每个单词结束的位置都加一个 end[] 数组标记单词结束，表示从根到这里有一个单词。

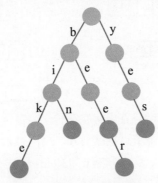

对字典树的基本操作有创建、查找、插入和删除，极少有删除操作。

3.3.1　创建

创建字典树指将所有字符串都插入字典树。可以用数组或链表存储字典树，这里用数组来实现静态链表。

完美图解：

假设字符串是由小写字母组成的，每个节点都包含 26 个域（26 个字母）。

（1）插入一个单词 s="bike"，首先将字符转换为数字，s[0]–'a'=1，判断 trie[1][1] 为 0，令 trie[1][1]=2，相当于创建一个新的节点（下标为 2）。

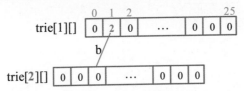

（2）s[1] –'a'=8，判断 trie[2][8]为 0，令 trie[2][8]=3。

（3）s[2]–'a'=10，判断 trie[3][10]为 0，令 trie[3][10]=4。s[3]–'a'=4，判断 trie[4][4] 为 0，令 trie[4][4]=5，end[5]=true，标记单词结束。

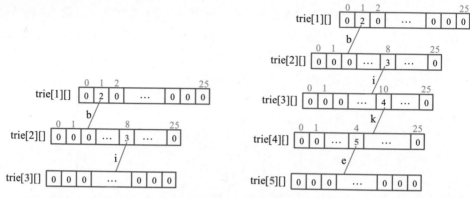

（4）插入一个单词 s="bin"，首先将字符转换为数字，s[0]–'a'=1，判断 trie[1][1] 为 2，不为 0，令 p=2，沿第 2 个节点继续插入。s[1]–'a'=8，判断 trie[2][8] 为 3，令 p=3，沿第 3 个节点继续插入。s[2]–'a'=13，判断 trie[3][13] 为 0，令 trie[3][13]=6，end[6]=true。

（5）插入一个单词 s="yes"，首先将字符转换为数字，s[0]–'a'=24，判断 trie[1][24] 为 0，令 trie[1][24]=7。继续插入"yes"的后两个字符，end[9]=true，标记单词结束。

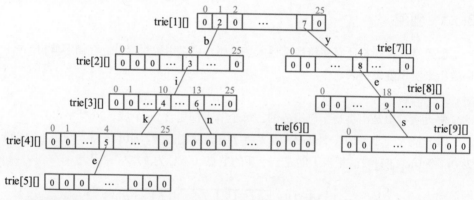

算法代码：

```
void insert(string s){//将字符串 s 插入字典树
    int len=s.length(),p=1;
    for(int i=0;i<len;i++){
        int ch=s[i]-'a';//转换为数字
        if(!trie[p][ch])
            trie[p][ch]=++tot;//记录下标
        p=trie[p][ch];
    }
    end[p]=true;//标记单词结束
}
```

算法分析：若单词的总长度为 N，字符的种类为 k，则创建字典树的复杂度为 $O(N)$，空间复杂度为 $O(Nk)$。

3.3.2　查找

若在字典树中查找该字符串是否存在，则与插入操作一样，首先将字符转换为数字，在字典树中查找，若查找的位置为 0，则查找失败，否则继续向下查找；在字符串处理完毕后，判断此处是否有单词结束标记，若有，则说明该字符串存在。

完美图解：

在字典树中查找单词 s="bin"。

（1）将字符转换为数字，s[0]–'a'=1，p=trie[1][1]=2，在第 2 个节点中继续查找。

（2）s[1]–'a'=8，p=trie[2][8]=3，在第 3 个节点中继续查找。

（3）s[2]–'a'=13，p=trie[3][13]=6，在第 6 个节点中继续查找。

此时字符串处理完毕，看第 6 个节点是否有单词结束标记，若 end[6]=true，则返回查找成功，否则返回查找失败。

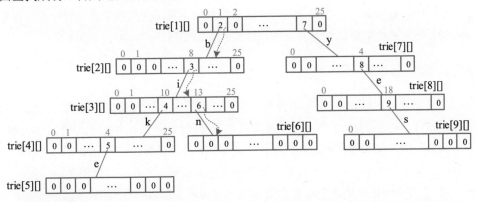

算法代码：

```cpp
bool search(string s) {//在字典树中查找该字符串是否存在
    int len=s.length(),p=1;
    for(int i=0;i<len;i++){
        p=trie[p][s[i]-'a'];
        if(!p)
            return false;
    }
    return end[p];
}
```

算法分析：在字典树中查找一个字符串的时间与字典树中包含的节点数无关，只与字符串的字符数有关。若查找的串长为 n，则进行查找操作的时间复杂度均为 $O(n)$。

3.3.3 应用

（1）字符串检索。事先将已知的一些字符串（字典）的有关信息存储到字典树中，查找一些字符串是否出现过、出现的次数，以及搜索引擎的热门查询。

（2）前缀统计。统计一个字符串所有前缀单词的数量，只需统计从根到叶子路径上单词出现的次数，也可以判断一个单词是否为另一个单词的前缀。

（3）最长公共前缀。字典树利用多个字符串的公共前缀来节省存储空间，反之，当把大量字符串都存储到一棵字典树中时，可以快速得到某些字符串的公共前缀。对所有字符串都创建字典树，两个字符串的最长公共前缀的长度就是它们所在节点最近公共祖先的长度，于是转变为最近公共祖先问题。

（4）字符串排序。例如，给定 N 个互不相同的仅由一个单词构成的英文名，将它们按字典序从小到大输出。用数组存储字典树时，将树中每个节点的所有孩子都按照字典序排序。对字典树进行先序遍历，输出的相应字符串便是按字典序排序的结果。

（5）作为其他数据结构与算法的辅助结构，例如后缀树、AC 自动机等。

✎ 训练　单词翻译

题目描述（POJ2503）：你刚搬到一个大城市，这里的人说着一种让人难以理解的外语方言。幸运的是，你有一本字典可以帮助自己翻译它们。请给出翻译后的内容。

输入：输入最多 100 000 个字典条目，每个字典条目都包含英语单词、空格和外语单词，后跟一个空行。接下来是待翻译的消息，最多 100 000 个外语单词（每行一个）。在字典中外语单词不会重复出现。每个单词最多有 10 个小写字母。

输出：输出翻译好的内容，每行一个英语单词，将不在字典中的外语单词翻译为"eh"。

输入样例	输出样例
dog ogday	cat
cat atcay	eh
pig igpay	loops
froot ootfray	
loops oopslay	
atcay	
ittenkay	
oopslay	

题解：本题数据量较大，用暴力搜索法求解会超时。可以将英语单词存储到数组中，将外语单词存储到字典树中，并记录该外语单词对应的英语单词下标。在字典树中查找待翻译的消息中的每个外语单词，若查找成功，则返回对应的英语单词下标。

1. 算法设计

（1）将字典条目中的英语单词存储到数组中，将外语单词插入字典树。

（2）在字典树中查找待翻译的外语单词，输出对应的英语单词。

2. 算法实现

```
void insert(string s,int k){//将字符串s插入字典树
    int len=s.length(),p=1;
    for(int i=0;i<len;i++){
        int ch=s[i]-'a';//转换为数字
        if(!trie[p][ch])
            trie[p][ch]=++tot;//记录下标
        p=trie[p][ch];
    }
    value[p]=k;//记录下标
    end[p]=1;
}

int query(string s){//查询
    int len=s.length(),p=1;
    for(int i=0;i<len;i++){
        int ch=s[i]-'a';//转换为数字
        p=trie[p][ch];
        if(!p)
            return 0;
    }
    if(end[p])
        return value[p];//返回下标
    return 0;
}
```

第4章

平衡树

4.1 树高与性能

在二叉搜索树中进行查找、插入和删除操作的平均时间复杂度均为 $O(\log n)$，时间复杂度在最好情况和最坏情况下差别较大。在最好情况下，二叉搜索树的形态和二分查找的判定树相似，如下图中的左图所示。每次查找都可以缩小一半的范围，最多从根到叶子进行查找，比较次数为树高 $\log n$。在最坏情况下，二叉搜索树的形态为单支树，即只有左子树或只有右子树，如下图中的右图所示。每次查找的范围都缩小为 $n-1$ 个元素，退化为顺序查找，最多从根到叶子进行查找，比较次数为 n。

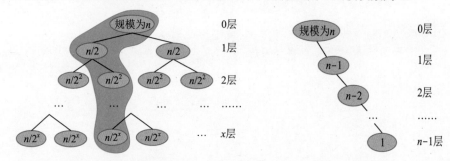

在二叉搜索树中进行查找、插入、删除操作的时间复杂度均线性正比于二叉搜索树的树高，树高越小，效率越高。因此，二叉搜索树的性能主要取决于其树高。想一想，如何降低二叉搜索树的树高呢？

在最好情况下进行每次查找时都将序列一分为二，左、右子树的节点数均为 $n/2$，左、右子树的树高也一样。在理想状态下，树高为 $\log n$，左、右子树的树高一样，称之为"理想平衡"。但是要做到理想平衡，就需要花大量时间调整平衡以维护其严格的平衡性，因此可以适度降低平衡的标准，调整为大致平衡，称之为"适度平衡"。平衡树有很多种，例如平衡二叉搜索树（AVL 树）、树堆、伸展树、SBT 树、红黑树等，调整平衡的方法相对复杂。

4.2 平衡二叉搜索树（AVL 树）

平衡二叉搜索树由苏联数学家 Adelson-Velskii 和 Landis 提出，又被称为"AVL
树""平衡二叉树"。

平衡二叉搜索树或为空树，或为具有以下性质的二叉搜索树：①左、右子树高度
差的绝对值不超过 1；②左、右子树也是平衡二叉搜索树。

节点的左、右子树的高度差被称为"平衡因子"。在二叉搜索树中，若每个节点
的平衡因子的绝对值都不超过 1，则该树为平衡二叉搜索树。例如，一棵平衡二叉搜
索树及其平衡因子如下图所示。

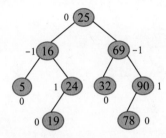

例如，在这棵平衡二叉搜索树中插入 20 后，从该叶子到根路径上的所有节点的
平衡因子都有可能改变，出现不平衡，有可能有多个节点的平衡因子的绝对值超过 1。
从新插入的节点向上查找离其最近的不平衡节点，以该节点为根的子树被称为"最小
不平衡子树"。只需将最小不平衡子树调整为平衡二叉搜索树即可，其他节点不变。

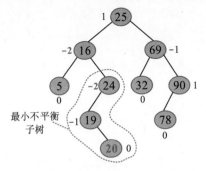

平衡二叉搜索树除了具有适度平衡性，还具有局部性：①在单次插入、删除后，
至多有 $O(1)$ 处出现不平衡；②总可以在 $O(\log n)$ 时间内使这 $O(1)$ 处不平衡重新调整为
平衡。

对平衡二叉搜索树在动态修改后出现的不平衡，只需局部（最小不平衡子树）调
整平衡即可，不需要对整棵树都进行调整。那么，如何局部调整平衡呢？

4.2.1 调整平衡的方法

以插入操作为例，在插入新节点后，出现的不平衡可以分为 4 种情况：LL 型、RR 型、LR 型、RL 型，分别对应4种调整平衡的方法。

1. LL 型

插入新节点 x 后，从该节点向上找到最近的不平衡节点 A，若从最近的不平衡节点到新节点的路径前两个都是左子树 L，就是 LL 型不平衡。也就是说，将节点 x 插入节点 A 的左子树的左子树，节点 A 的左子树因插入新节点而高度增加，造成节点 A 的平衡因子由 1 增加为 2，失去平衡。需要进行 LL 旋转（顺时针）调整平衡。

LL 旋转：节点 A 顺时针旋转到节点 B 的右子树，节点 B 原来的右子树 T_3 被抛弃，节点 A 旋转后正好左子树空闲，将这棵被抛弃的子树 T_3 放到节点 A 的左子树中即可。

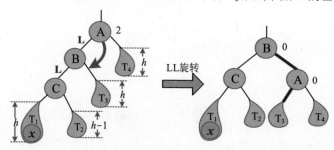

在进行每一次旋转时，总有一棵子树被抛弃，一个指针空闲，它们正好配对。旋转后，节点 A、节点 B 的平衡因子为 0，节点 C 的平衡因子为 1，满足平衡条件。

```
AVLTree LL_Rotation(AVLTree &T){//LL 旋转
    AVLTree temp=T->lchild;//T 为指向不平衡节点的指针
    T->lchild=temp->rchild;
    temp->rchild=T;
    updateHeight(T);//更新高度
    updateHeight(temp);
    return temp;
}
```

2. RR 型

插入新节点 x 后，从该节点向上找到最近的不平衡节点 A，若从最近的不平衡节点到新节点的路径前两个都是右子树 R，就是 RR 型不平衡。需要进行 RR 旋转（逆时针）调整平衡。

RR 旋转：节点 A 逆时针旋转到节点 B 的左子树，节点 B 原来的左子树 T_2 被抛弃，节点 A 旋转后正好右子树空闲，将这个被抛弃的子树 T_2 放到节点 A 的右子树中即可。

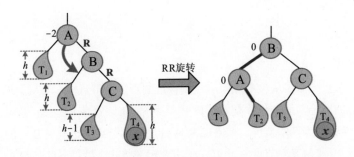

旋转后，节点 A、节点 B 的平衡因子均为 0，节点 C 的平衡因子为-1，满足平衡条件。

```
AVLTree RR_Rotation(AVLTree &T){//RR 旋转
    AVLTree temp=T->rchild;
    T->rchild=temp->lchild;
    temp->lchild=T;
    updateHeight(T);//更新高度
    updateHeight(temp);
    return temp;
}
```

3. LR 型

插入新节点 x 后，从该节点向上找到最近的不平衡节点 A，若从最近的不平衡节点到新节点的路径前两个依次是左子树 L、右子树 R，就是 LR 型不平衡。

LR 旋转：分为两次旋转。节点 C 逆时针旋转到节点 A、节点 B 之间，节点 C 原来的左子树 T_2 被抛弃，节点 B 正好右子树空闲，将这个被抛弃的子树 T_2 放到节点 B 的右子树中；这时已经转变为 LL 型，进行 LL 旋转即可。实际上，也可以看作节点 C 固定不动，节点 B 首先进行 RR 旋转，然后进行 LL 旋转。

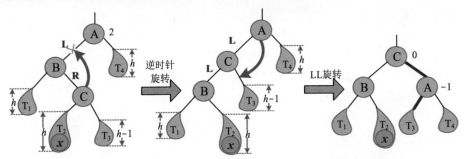

旋转后，节点 B、节点 C 的平衡因子均为 0，节点 A 的平衡因子为-1，满足平衡条件。

```
AVLTree LR_Rotation(AVLTree &T){//LR 旋转
    T->lchild=RR_Rotation(T->lchild);
```

```
    return LL_Rotation(T);
}
```

4. RL 型

插入新节点 x 后，从该节点向上找到最近的不平衡节点 A，若从最近的不平衡节点到新节点的路径前两个依次是右子树 R、左子树 L，就是 RL 型不平衡。

RL 旋转：分为两次旋转。节点 C 顺时针旋转到节点 A、节点 B 之间，节点 C 原来的右子树 T_3 被抛弃，节点 B 正好左子树空闲，将这个被抛弃的子树 T_3 放到节点 B 的左子树中；这时已经转变为 RR 型，进行 RR 旋转即可。实际上，也可以看作节点 C 固定不动，节点 B 首先进行 LL 旋转，然后进行 RR 旋转。

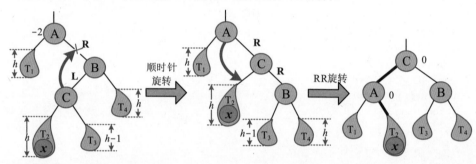

旋转后，节点 A、节点 C 的平衡因子均为 0，节点 B 的平衡因子为 -1，满足平衡条件。

```
AVLTree RL_Rotation(AVLTree &T){//RL旋转
    T->rchild=LL_Rotation(T->rchild);
    return RR_Rotation(T);
}
```

4.2.2 插入

在平衡二叉搜索树中插入新的数据元素 x，首先要查找其插入的位置，在查找过程中用指针 p 记录当前节点，用指针 f 记录指针 p 的双亲。

算法步骤：

（1）在平衡二叉搜索树中查找 x，若查找成功，则什么也不做，返回指针 p；若查找失败，则执行插入操作。

（2）创建一个新节点 p 来存储 x，该节点的双亲为 f，高度为 1。

（3）从新节点的双亲 f 出发，向上查找最近的不平衡节点。逐层检查各代祖先，若平衡，则更新其高度，继续向上查找；若不平衡，则判断失衡类型（沿高度大的子树判断，刚插入新节点的子树必然高度大），并做相应的调整，返回指针 p。

完美图解：例如，一棵平衡二叉搜索树如下图所示，在该树中插入元素 20（在节点旁标记以该节点为根的子树的高度）。

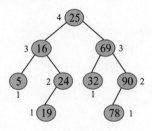

（1）查找 20 在树中的位置，初始化指针 p 指向根，其双亲 f 为空。

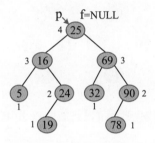

（2）将 20 和 25 做比较，20<25，在左子树中查找，指针 f 指向指针 p，指针 p 指向自己的左孩子。

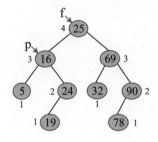

（3）将 20 和 16 做比较，20>16，在右子树中查找，指针 f 指向指针 p，指针 p 指向自己的右孩子。

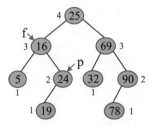

（4）将 20 和 24 做比较，20<24，在左子树中查找，指针 f 指向指针 p，指针 p 指向自己的左孩子。

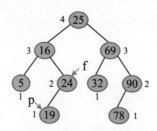

（5）将 20 和 19 做比较，20>19，在右子树中查找，指针 f 指向指针 p，指针 p 指向自己的右孩子。

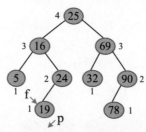

（6）此时指针 p 为空，查找失败，可以将新节点 20 插入此处，新节点的高度为 1，双亲为指针 f。

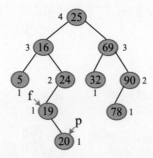

（7）从新节点的双亲 f 开始，逐层向上检查祖先是否失衡，若未失衡，则更新其高度；若失衡，则判断其失衡类型，调整平衡。初始化指针 g 指向指针 f，检查指针 g 的左、右子树的高度差为–1，指针 g 未失衡，更新其高度为 2（左、右子树的高度最大值加 1）。

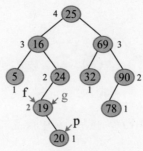

（8）继续向上检查，指针 g 指向自己的双亲，指针 g 的左、右子树的高度差为 2，失衡。用指针 g、指针 u、指针 v 记录三代节点（从失衡节点沿高度大的子树向下找三代）。

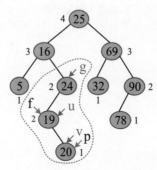

（9）将以指针 g 为根的最小不平衡子树调整平衡即可。判断失衡类型为 LR 型，首先令 20 逆时针旋转到 19、24 之间，然后令 24 顺时针旋转即可，更新 19、20、24 的高度。

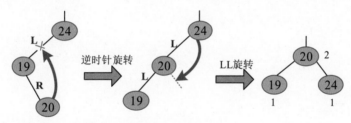

（10）调整平衡后，将该子树接入指针 g 的双亲。

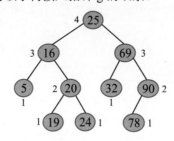

算法实现：

```
AVLTree Insert(AVLTree &T,int x){
    if(T==NULL){//若为空，则创建新节点
        T=new AVLNode;
        T->lchild=T->rchild=NULL;
        T->data=x;
        T->height=1;
        return T;
    }
```

```
if(T->data==x) return T;//查找成功，什么也不做，在查找失败时才插入
if(x<T->data){//插入左子树
    T->lchild=Insert(T->lchild,x);//注意插入后将返回结果挂接到T->lchild
    if(Height(T->lchild)-Height(T->rchild)==2){
    //插入后看看是否平衡，若平衡，则沿高度大的路径判断
        if(x<T->lchild->data)//判断是LL还是LR型，即是lchild的lchild还是rchild
            T=LL_Rotation(T);
        else
            T=LR_Rotation(T);
    }
}
else{//插入右子树
    T->rchild=Insert(T->rchild,x);
    if(Height(T->rchild)-Height(T->lchild)==2){
        if(x>T->rchild->data)
            T=RR_Rotation(T);
        else
            T=RL_Rotation(T);
    }
}
updateHeight(T);
return T;
}
```

4.2.3 创建

平衡二叉搜索树的创建和二叉搜索树的创建类似，只是插入操作多了调整平衡而已。可以从空树开始，按照输入关键字的顺序依次进行插入操作，最终得到一棵平衡二叉搜索树。

算法步骤：

（1）初始化平衡二叉搜索树为空树，T=NULL。

（2）输入一个关键字 x，将 x 插入平衡二叉搜索树 T。

（3）重复第 2 步，直到关键字输入完毕。

完美图解：例如，依次输入关键字(25,18,5,10,15,17)，创建一棵平衡二叉搜索树。

（1）输入 25，将平衡二叉搜索树初始化为空，将 25 作为根，左、右子树为空。

（2）输入 18，插入平衡二叉搜索树。与根 25 做比较，比 25 小，在左子树中查找，左子树为空，插入此位置，检查祖先未发现失衡。

（3）输入 5，将其插入平衡二叉搜索树。与根 25 做比较，比 25 小，在左子树中查找，比 18 小，在左子树中查找，左子树为空，插入此位置。25 失衡，从不平衡节点到新节点的路径前两个是 LL 型，进行 LL 旋转调整平衡。

（4）输入 10，将其插入平衡二叉搜索树。与根 18 做比较，比 18 小，在左子树中查找，与根 5 做比较，比 5 大，在右子树中查找，右子树为空，插入此位置，检查祖先未发现失衡。

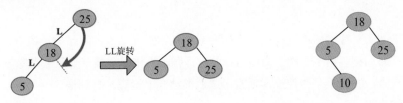

（5）输入 15，将其插入平衡二叉搜索树。与根 18 做比较，比 18 小，在左子树中查找，与根 5 做比较，比 5 大，在右子树中查找，与根 10 做比较，比 10 大，在右子树中查找，右子树为空，插入此位置。5 失衡，从不平衡节点到新节点的路径前两个是 RR 型，进行 RR 旋转调整平衡。

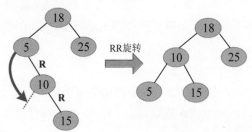

（6）输入17，将其插入平衡二叉搜索树。经查找之后（过程省略），将其插入 15 的右子树。18 失衡，从不平衡节点到新节点的路径前两个是 LR 型，进行 LR 旋转调整平衡。

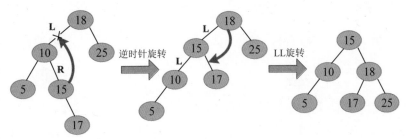

算法实现：

```
AVLTree CreateAVL(AVLTree &T){
    int n,x;
```

```
    cin>>n;
    for(int i=0;i<n;i++){
        cin>>x;
        T=Insert(T,x);
    }
    return T;
}
```

4.2.4　删除

在平衡二叉搜索树中进行插入操作时只需从被插入节点的双亲向上检查，发现不平衡便立即调整，调整一次平衡即可；而进行删除操作时需要一直从被删除节点的双亲向上检查，发现不平衡便立即调整，之后继续向上检查，直到根。

算法步骤：

（1）在平衡二叉搜索树中查找 x，若查找失败，则返回，否则进行删除操作。

（2）从实际的被删除节点的双亲 g 出发（当被删除节点有左、右子树时，令其直接前驱或直接后继代替它，删除其直接前驱，实际的被删除节点为其直接前驱或直接后继），向上查找最近的不平衡节点。逐层检查各代祖先，若平衡，则更新其高度，继续向上检查；若不平衡，则判断失衡类型（沿高度大的子树判断），并做相应的调整。

（3）继续向上检查，一直到根。

完美图解：例如，一棵平衡二叉搜索树如下图所示，删除 16。

（1）16 为叶子，将其直接删除即可。

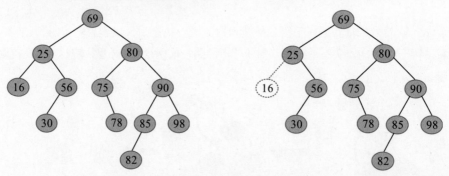

（2）指针 g 指向实际的被删除节点 16 的双亲 25，检查是否失衡，25 失衡，用指针 g、指针 u、指针 v 记录失衡三代节点（从失衡节点沿高度大的子树向下找三代），判断为 RL 型，进行 RL 旋转调整平衡。

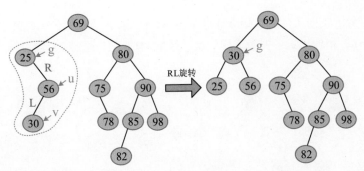

（3）继续向上检查，指针 g 指向自己的双亲 69，检查是否失衡，69 失衡，用指针 g、指针 u、指针 v 记录失衡三代节点，判断为 RR 型，进行 RR 旋转调整平衡。

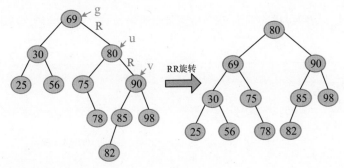

（4）已检查到根，结束。

例如，一棵平衡二叉搜索树如下图所示，删除 80。

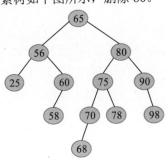

（1）80 的左、右子树均非空，令其直接前驱 78 代替它，删除其直接前驱 78。

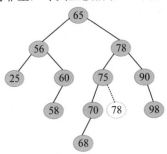

（2）指针 g 指向实际的被删除节点 78 的双亲 75，检查是否失衡，75 失衡，用指针 g、指针 u、指针 v 记录失衡三代节点，判断为 LL 型，进行 LL 旋转调整平衡。

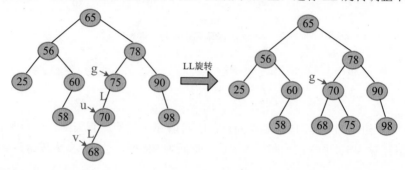

（3）指针 g 指向自己的双亲 78，检查是否失衡，一直检查到根，结束。

> ⚠️**注意** 从实际的被删除节点的双亲开始检查是否失衡，一直检查到根。

算法实现：

```
void adjust(AVLTree &T){//删除节点后，需要判断是否仍平衡，若不平衡，则需要调整平衡
    if(T==NULL) return;
    if(Height(T->lchild)-Height(T->rchild)==2){//沿高度大的路径判断
        if(Height(T->lchild->lchild)>=Height(T->lchild->rchild))
            T=LL_Rotation(T);
        else
            T=LR_Rotation(T);
    }
    if(Height(T->rchild)-Height(T->lchild)==2){//沿高度大的路径判断
        if(Height(T->rchild->rchild)>=Height(T->rchild->lchild))
            T=RR_Rotation(T);
        else
            T=RL_Rotation(T);
    }
}

AVLTree Delete(AVLTree &T,int x){//删除
    if(!T) return T;
    if(T->data==x){//若找到被删除节点
        if(!T->lchild||!T->rchild){//若有一个孩子为空，则子承父业
            AVLTree temp=T;
            T=(T->lchild)?T->lchild:T->rchild;
            delete temp;
        }
        else{//否则其直接前驱（左子树的最右节点）代替它，之后删除其直接前驱
            AVLTree temp;
            temp=T->lchild;
```

```
        while(temp->rchild)
            temp=temp->rchild;
        T->data=temp->data;
        T->lchild=Delete(T->lchild,T->data);
    }
}
else if(T->data>x)
    T->lchild=Delete(T->lchild,x);//在左子树中删除
else
    T->rchild=Delete(T->rchild,x);//在右子树中删除
updateHeight(T);
adjust(T);
return T;
}
```

🖉 训练　双重队列

题目描述（**POJ3481**）：银行的每个客户都有一个正整数标识 K，客户到银行请求服务时会收到一个优先级 P（正整数）。银行经理提议打破传统，有时先为优先级最低的客户服务，而不是先为优先级最高的客户服务。系统将收到以下类型的请求。

- 0：系统需要停止服务。
- 1 K P：将客户 K 及其优先级 P 添加到等待列表中。
- 2：为优先级最高的客户提供服务，并将其从等待列表中删除。
- 3：为优先级最低的客户提供服务，并将其从等待列表中删除。

输入：输入的每一行都包含一个请求，只有最后一行包含停止请求（代码 0）。假设在等待列表中包含新客户的请求（代码 1），并且在等待列表中没有同一客户的其他请求或有相同优先级的请求。标识符 K 小于 10^6，优先级 P 小于 10^7。客户可以多次到银行请求服务，并且每次都可以获得不同的优先级。

输出：对于代码 2 或代码 3 的每个请求，都单行输出所服务客户的标识。若请求时等待列表为空，则输出 0。

输入样例	输出样例
2	0
1 20 14	20
1 30 3	30
2	10
1 10 99	0
3	
2	
2	
0	

题解：可以通过平衡二叉搜索树解决。

1. 算法设计

（1）读入指令 n，判断请求的类型。

（2）若 $n=1$，则读入客户 num 及优先级 val，将其插入平衡二叉搜索树。

（3）若 $n=2$，此时平衡二叉搜索树为空，则输出 0，否则输出最大值并删除最大值。

（4）若 $n=3$，此时平衡二叉搜索树为空，则输出 0，否则输出最小值并删除最小值。

2. 算法实现

```
void adjust(AVLTree &T){//调整平衡
    if(!T)    return;
    if(Height(T->lchild)-Height(T->rchild)>1){//沿高度大的路径判断
        if(Height(T->lchild->lchild)>=Height(T->lchild->rchild))
            T=LL_Rotation(T);
        else
            T=LR_Rotation(T);
    }
    else if(Height(T->rchild)-Height(T->lchild)>1){//沿高度大的路径判断
        if(Height(T->rchild->rchild)>=Height(T->rchild->lchild))
            T=RR_Rotation(T);
        else
            T=RL_Rotation(T);
    }
}

AVLTree Insert(AVLTree &T,int num,int x){//插入
    if(!T){ //若为空，则创建新节点
        T=new AVLNode;
        T->lchild=T->rchild=NULL;
        T->num=num;
        T->data=x;
        T->height=1;
        return T;
    }
    if(T->data==x) return T;//查找成功，什么也不做，查找失败时才插入
    if(x<T->data)
        T->lchild=Insert(T->lchild,num,x);//插入左子树
    else
        T->rchild=Insert(T->rchild,num,x);//插入右子树
    updateHeight(T);
    adjust(T);
```

```
    return T;
}

AVLTree Delete(AVLTree &T,int x){//删除
    if(!T) return T;
    if(T->data==x){//若找到被删除节点
        if(!T->lchild||!T->rchild){//若有一个孩子为空，则子承父业
            AVLTree temp=T;
            T=(T->lchild)?T->lchild:T->rchild;
            delete temp;
        }
        else{//否则其直接前驱（左子树的最右节点）代替它，之后删除其直接前驱
            AVLTree temp;
            temp=T->lchild;
            while(temp->rchild)
                temp=temp->rchild;
            T->num=temp->num;//替换数据
            T->data=temp->data;
            T->lchild=Delete(T->lchild,T->data);
        }
    }
    else if(T->data>x)
        T->lchild=Delete(T->lchild,x);//在左子树中删除
    else
        T->rchild=Delete(T->rchild,x);//在右子树中删除
    updateHeight(T);
    adjust(T);
    return T;
}

void printmax(AVLTree T){//找优先级最高的节点
    while(T->rchild){
        T=T->rchild;
    }
    cout<<T->num<<endl;
    maxval=T->data;
}

void printmin(AVLTree T){//找优先级最低的节点
    while(T->lchild){
        T=T->lchild;
    }
    cout<<T->num<<endl;
    minval=T->data;
}
```

```
int main(){
    AVLTree root=NULL;//一定要置空
    int n,num,val;
    while(~scanf("%d",&n),n){//注意用 cin 会超时
        switch(n){
            case 1:
                scanf("%d%d",&num,&val);
                Insert(root,num,val);
                break;
            case 2:
                if(!root)
                    cout<<0<<endl;
                else{
                    printmax(root);
                    Delete(root,maxval);
                }
                break;
            case 3:
                if(!root)
                    cout<<0<<endl;
                else{
                    printmin(root);
                    Delete(root,minval);
                }
                break;
        }
    }
    return 0;
}
```

4.3 树堆（Treap）

树堆指 Tree+heap，又叫作"Treap"，同时满足二叉搜索树和堆两种性质。二叉搜索树满足中序有序性，输入的序列不同，创建的二叉搜索树也不同，在最坏情况下（只有左子树或右子树）会退化为线性。在二叉搜索树中进行插入、查找、删除等操作的效率与树高成正比，因此在创建二叉搜索树时要尽可能通过调整平衡压缩树高。

若在一棵二叉搜索树中插入节点的顺序是随机的，则得到的二叉搜索树在大多数情况下是平衡的，即使存在一些极端情况，这些情况发生的概率也很小，因此以随机顺序创建的二叉搜索树，其期望树高为 $O(\log n)$。可以将输入的数据随机打乱，再创建二叉搜索树，但我们有时并不能事先得知所有待插入节点，通过树堆可以有效解决该问题。

树堆是一种平衡二叉搜索树，它给每个节点都附加了一个随机数，使其满足堆的性质，而节点的值又满足二叉搜索树的有序性，其基本操作的期望时间复杂度为$O(\log n)$。相对于其他平衡二叉搜索树，树堆的特点是实现简单，而且可以基本实现随机平衡。

在树堆的构建过程中，插入节点时会给每个节点都附加一个随机数作为优先级，该优先级满足堆的性质（最大堆或最小堆均可，这里以最大堆为例，根的优先级高于左、右孩子），数值满足二叉搜索树的性质（中序有序性，左子树小于根，右子树大于根）。

输入 6 4 9 7 2，构建树堆。首先给每个节点都附加一个随机数作为优先级，根据输入的数据和附加的随机数构建的树堆如下图所示。

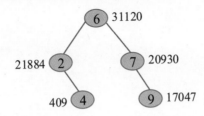

4.3.1　右旋和左旋

在树堆中调整平衡时会进行两种旋转操作：右旋和左旋。

（1）右旋（Zig）。节点 p 右旋时，会携带自己的右子树，向右旋转到节点 q 的右子树，节点 q 的右子树被抛弃，节点 p 右旋后左子树正好空闲，将节点 q 的右子树放到节点 p 的左子树中，旋转后的根为节点 q。

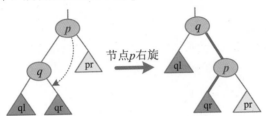

算法代码：

```
void zig(int &p){//右旋
    int q=tr[p].lc;
```

```
    tr[p].lc=tr[q].rc;
    tr[q].rc=p;
    p=q;//现在节点 q 为根
}
```

（2）左旋（Zag）。节点 *p* 左旋时，会携带自己的左子树，向左旋转到节点 *q* 的左子树，节点 *q* 的左子树被抛弃，节点时 *p* 左旋后右子树正好空闲，将节点 *q* 的左子树放到节点 *p* 的右子树中，旋转后的根为节点 *q*。

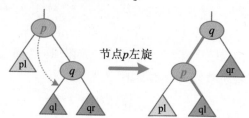

算法代码：

```
void zag(int &p) {//左旋
    int q=tr[p].rc;
    tr[p].rc=tr[q].lc;
    tr[q].lc=p;
    p=q;//现在节点 q 为根
}
```

总结：无论是右旋还是左旋，旋转后总有一棵子树被抛弃，一个指针空闲，正好配对。

4.3.2 插入

树堆中的插入操作和二叉搜索树一样，首先根据有序性找到插入的位置，然后创建新节点插入该位置。创建新节点时，会给该节点附加一个随机数作为优先级，并且自底向上检查该优先级是否满足堆的性质，若不满足，则需要右旋或左旋，使其满足堆的性质。

算法步骤如下。

（1）从根 *p* 开始，若 *p* 为空，则创建新节点，将待插入元素 val 插入新节点的数据域，并给新节点附加一个随机数作为优先级。

（2）若 val 等于 *p* 的值，则什么都不做，返回。

（3）若 val 小于 *p* 的值，则在 *p* 的左子树中递归插入。回归时进行旋转调整平衡，若 *p* 的优先级低于其左孩子的优先级，则 *p* 右旋。

（4）若 val 大于 *p* 的值，则在 *p* 的右子树中递归插入。回归时进行旋转调整平衡，

若 p 的优先级低于其右孩子的优先级，则 p 左旋。

一个树堆如下图所示，在该树堆中插入元素 8，插入过程如下。

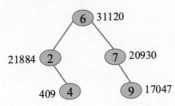

（1）根据二叉搜索树中的插入操作方式，将 8 插入 9 的左孩子，假设 8 的随机数的优先级为 25 016。

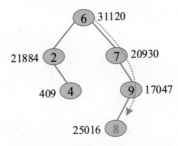

（2）回归时，判断是否需要进行旋转，9 的优先级比其左孩子低，9 右旋。

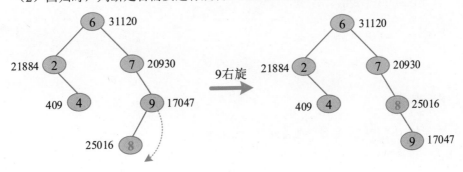

（3）继续向上检查，7 的优先级比其右孩子低，7 左旋。

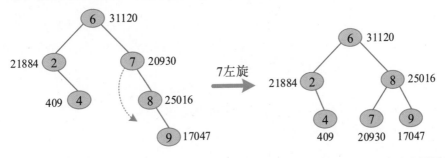

（4）继续向上检查，6 的优先级比其左、右孩子高，满足最大堆性质，无须调整，

已向上检查到根，算法停止。

算法代码：

```
int New(int val) {//生成新节点
    tr[++cnt].val=val;
    tr[cnt].pri=rand();
    tr[cnt].rc=tr[cnt].lc=0;
    return cnt;
}
void Insert(int &p,int val) {//在p的子树中插入val
    if(!p){
        p=New(val);
        return;
    }
    if(val==tr[p].val)//在树堆中已存在该元素时，不插入
        return;
    if(val<tr[p].val){
        Insert(tr[p].lc,val);
        if(tr[p].pri<tr[tr[p].lc].pri)
            zig(p);
    }
    else{
        Insert(tr[p].rc,val);
        if(tr[p].pri<tr[tr[p].rc].pri)
            zag(p);
    }
}
```

4.3.3 删除

在树堆中进行删除操作非常简单：找到待删除节点，将该节点向优先级高的孩子旋转，一直旋转到叶子位置，直接删除叶子即可。

算法步骤如下。

（1）从根 p 开始，若待删除元素 val 等于 p 的值，则：若 p 只有左子树或只有右子树，则令其子树子承父业代替 p，返回；若 p 的左孩子的优先级高于右孩子的优先级，则 p 右旋，继续在 p 的右子树中删除；若 p 的左孩子的优先级低于右孩子的优先级，则 p 左旋，继续在 p 的左子树中删除。

（2）若 val 小于 p 的值，则在 p 的左子树中删除。

（3）若 val 大于 p 的值，则在 p 的右子树中删除。

在上面的树堆中删除 8，删除过程如下。

（1）找到 8，8 的右孩子优先级高，8 左旋。

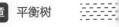

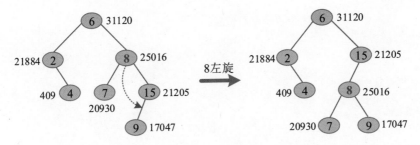

（2）接着判断，8 的左孩子优先级高，8 右旋。

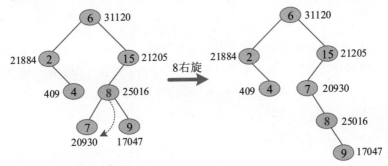

（3）此时 8 只有一棵右子树，右子树子承父业代替它。

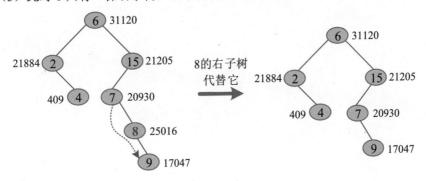

算法代码：

```
void Delete(int &p,int val) {//在 p 的子树中删除 val
    if(!p) return;
    if(val==tr[p].val){
        if(!tr[p].lc||!tr[p].rc)
            p=tr[p].lc+tr[p].rc;//有一个孩子为空，直接用孩子代替，子承父业
        else if(tr[p].lc).pri>tr[p].rc).pri){
                zig(p);
                Delete(tr[p].rc,val);
            }
        else{
                zag(p);
```

```
                        Delete(tr[p].lc,val);
            }
        return;
    }
    if(val<tr[p].val)
        Delete(tr[p].lc,val);
    else
        Delete(tr[p].rc,val);
}
```

4.3.4 前驱

在树堆中求节点 val 的前驱时，首先从根开始，若当前节点的值小于节点 val 的值，则用 res 暂存该节点的值，在当前节点的右子树中查找，否则在当前节点的左子树中查找，直到当前节点为空，返回 res，即为节点 val 的前驱。

算法代码：

```
int GetPre(int val) {//找前驱
    int p=root;
    int res=-1;
    while(p){
        if(tr[p].val<val){
            res=tr[p].val;
            p=tr[p].rc;
        }
        else
            p=tr[p].lc;
    }
    return res;
}
```

4.3.5 后继

首先从根开始，若当前节点的值大于节点 val 的值，则用 res 暂存该节点的值，在其左子树中查找，否则在其右子树中查找，直到当前节点为空，返回 res，即为节点 val 的后继。

算法代码：

```
int GetNext(int val) {//找后继
    int p=root;
    int res=-1;
    while(p){
        if(tr[p].val>val){
            res=tr[p].val;
```

```
            p=tr[p].lc;
        }
        else
            p=tr[p].rc;
    }
    return res;
}
```

算法分析：树堆由于引入了随机性，是一种平衡二叉搜索树，所以进行查找、插入、删除、求前驱和后继操作的时间复杂度均为 $O(\log n)$。

训练　少林功夫

题目描述（**HDU4585**）：少林寺以其功夫而闻名。每年都有很多年轻人去少林寺，想成为僧人。当一个年轻人通过少林寺的所有考试并被宣布为少林寺的新僧人时，将有一场比武作为欢迎会的一部分。每个僧人都有一个独特的编号和比武等级，这些都是整数。新僧人必须与一个比武等级最接近自己的老僧人比武。若有两个老僧人满足这个条件，则新僧人将选择与比武等级低于他的老僧人比武。大师是少林寺的第 1 个僧人，他的编号是 1，比武等级是 10 万。大师刚刚失去了比武记录，但还记得早些时候加入少林寺的人。请帮他恢复比武记录。

输入：输入几个测试用例。每个测试用例的第 1 行都为一个整数 n（$0<n\leqslant10^5$），表示在大师之后加入少林寺的僧人数量；接下来的 n 行，每行都为两个整数 k 和 g（$0\leqslant k,g\leqslant5\times10^6$），分别表示僧人的编号和比武等级。将僧人按照加入少林寺的时间升序列出。输入以 $n=0$ 结束。

输出：对于每个测试用例，都按比武时间升序输出比武记录。对每场比武都输出一行，首先输出新僧人的编号，然后输出老僧人的编号。

输入样例	输出样例
3	2 1
2 1	3 2
3 3	4 2
4 2	
0	

题解：本题数据量大，每次都需要查找排名，可以用树堆解决。

1．算法设计

首先按照当前新僧人的比武等级查找其排名 k，然后查找第 $k-1$ 名僧人的比武等级 ans_1，接着查找第 $k+1$ 名僧人的比武等级 ans_2。若其中一个为 0，则答案是另一个，否则比较比武等级的差值，与差值小的老僧人比武。

2. 算法实现

```
struct node{
    int lc,rc;//左、右孩子
    int val,pri;//值、优先级
    int num,size;//重复次数，根的子树的大小
}tr[maxn];

int New(int val){//生成新节点
    tr[++cnt].val=val;
    tr[cnt].pri=rand();
    tr[cnt].num=tr[cnt].size=1;
    tr[cnt].rc=tr[cnt].lc=0;
    return cnt;
}

void Update(int &p){//更新子树的大小
    tr[p].size=tr[tr[p].lc].size+tr[tr[p].rc].size+tr[p].num;
}

void zig(int &p){//右旋
    int q=tr[p].lc;
    tr[p].lc=tr[q].rc;
    tr[q].rc=p;
    tr[q].size=tr[p].size;
    Update(p);
    p=q;//现在节点q为根
}

void zag(int &p){//左旋
    int q=tr[p].rc;
    tr[p].rc=tr[q].lc;
    tr[q].lc=p;
    tr[q].size=tr[p].size;
    Update(p);
    p=q;//现在节点q为根
}

void Insert(int &p,int val){//在节点p的子树中插入val
    if(!p){
        p=New(val);
        return;
    }
    tr[p].size++;
    if(val==tr[p].val){
        tr[p].num++;
```

```
            return;
        }
        if(val<tr[p].val){
            Insert(tr[p].lc,val);
            if(tr[p].pri<tr[tr[p].lc].pri)
                zig(p);
        }
        else{
            Insert(tr[p].rc,vàl);
            if(tr[p].pri<tr[tr[p].rc].pri)
                zag(p);
        }
}

int Findkth(int &p,int k){//求第 k 小的数
    if(!p) return 0;
    int t=tr[tr[p].lc].size;
    if(k<t+1) return Findkth(tr[p].lc,k);
    else if(k>t+tr[p].num) return Findkth(tr[p].rc,k-(t+tr[p].num));
    else return tr[p].val;
}

int Rank(int p,int val){//排名
    if(!p)
        return 0;
    if(tr[p].val==val)
        return tr[tr[p].lc].size+1;
    if(val<tr[p].val)
        return Rank(tr[p].lc,val);
    else
        return Rank(tr[p].rc,val)+tr[tr[p].lc].size+tr[p].num;
}

int id[5000010];
int main(){
    int n,a,b;
    while(scanf("%d",&n)!=-1){
        if(n==0) break;
        root=0;
        int ans1,ans2;
        memset(id,0,sizeof(id));
        scanf("%d%d",&a,&b);
        printf("%d 1\n",a);
        id[b]=a;
        Insert(root,b);
        for(int i=1;i<n;i++){
```

```
                scanf("%d%d",&a,&b);
                id[b]=a;
                Insert(root,b);
                int ans;
                int k=Rank(root,b);//按值查名次
                ans1=Findkth(root,k-1);//按名次查值
                ans2=Findkth(root,k+1);
                if(!ans1) ans=ans2;
                else if(!ans2) ans=ans1;
                    else{
                        if(b-ans1<=ans2-b)//比较差值，若差值相同，则取比武等级低的
                            ans=ans1;
                        else ans=ans2;
                    }
                printf("%d %d\n",a,id[ans]);
        }
    }
    return 0;
}
```

4.4 伸展树（Splay 树）

伸展树，也叫作"分裂树"，是一种二叉搜索树，可以在 $O(\log n)$ 内完成插入、查找和删除操作。在任意数据结构的生命周期内进行不同操作的概率往往极不均衡，而且各操作之间有极强的相关性，在整体上多呈现极强的规律性，其中最为典型的就是数据局部性。数据局部性包括时间局部性和空间局部性（简称"时空局部性"）。伸展树正是基于数据的时空局部性原理产生的。

4.4.1 时空局部性的原理

时空局部性的原理如下。

- 刚刚被访问的元素，极有可能在不久后再次被访问。
- 刚刚被访问的元素，它的相邻节点也很有可能被访问。

树的搜索时间复杂度与树高相关。二叉搜索树的树高在最坏情况下为 n，每次搜索的时间复杂度都退化为线性 $O(n)$。平衡二叉搜索树通过动态调整平衡，使树高保持在 $O(\log n)$，因此单次搜索的时间复杂度为 $O(\log n)$。但是平衡二叉搜索树为了严格保持平衡，在调整平衡时会进行过多旋转，影响了插入和删除时的性能。

伸展树的实现更为简捷，它无须时刻保持全树平衡，任意节点的左、右子树的高度差无限制。在伸展树中进行单次搜索也可能需要 n 次操作，但可以在任意足够长的真实操作序列中保持均摊意义上的高效 $O(\log n)$。伸展树可以保证 m 次连续搜索操作

的复杂度为 $O(m\log n)$，而不是 $O(mn)$。伸展树的优势在于不需要记录平衡因子、树高、子树大小等额外信息，所以适用范围更广，进行 m 次连续搜索操作的效率较高。

考虑到时空局部性的原理，伸展树会在每次操作后都将刚被访问的节点旋转到根，加速后续的操作。当然，旋转前、后的搜索树必须相互等价。这样，查询频率高的节点应当经常处于靠近根的位置。旋转的巧妙之处：在不打乱数列中数据大小关系（中序遍历有序性）的情况下，所有基本操作的平均复杂度仍为 $O(\log n)$。

4.4.2　右旋和左旋

伸展操作 Splay(x, goal) 是在保持伸展树有序性的前提下，通过一系列旋转操作将伸展树中的节点 x 旋转到 goal 的孩子，若 goal=0，则将节点 x 旋转到根。伸展操作包括右旋和左旋两种基本操作。

（1）右旋（Zig）。节点 x 右旋时，会携带自己的左子树向右旋转到节点 y，节点 y 旋转到节点 x 的右子树，节点 x 的右子树被抛弃，此时节点 y 右旋后左子树正好空闲，将节点 x 的右子树放到节点 y 的左子树中，旋转后将节点 x 挂接到节点 y 的双亲，若原来节点 y 是其双亲的右孩子，则旋转后节点 x 也是其双亲的右孩子，否则是其双亲的左孩子。旋转时修改了 3 对双亲-孩子关系，即节点 y 与节点 x_r、节点 y 的双亲 tr[y].fa 与节点 x、节点 x 与节点 y，如下图中的粗线所示。

（2）左旋（Zag）。节点 x 左旋时，会携带自己的右子树向左旋转到节点 y，节点 y 旋转到节点 x 的左子树，节点 x 的左子树被抛弃，此时节点 y 左旋后右子树正好空闲，将节点 x 的左子树放到节点 y 的右子树中，旋转后将节点 x 挂接到 y 的双亲 tr[y].fa，若原来节点 y 是其双亲的右孩子，则旋转后节点 x 也是其双亲的右孩子，否则是其双亲的左孩子。

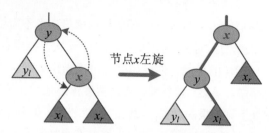

节点x左旋

左旋的实现代码和右旋一样，只是孩子下标不一样。因此左旋和右旋的实现代码都可统一如下。

```
void Rotate(int x){//旋转
    int y=tr[x].fa,z=tr[y].fa;
    int c=(tr[y].son[0]==x);
    tr[y].son[!c]=tr[x].son[c];
    tr[tr[x].son[c]].fa=y;
    tr[x].fa=z;
    if(z)
        tr[z].son[tr[z].son[1]==y]=x;
    tr[x].son[c]=y;
    tr[y].fa=x;
}
```

4.4.3　伸展

伸展操作并不复杂，根据情况右旋或左旋即可。伸展操作分为逐层伸展和双层伸展。

1. 逐层伸展

将节点 x 旋转到目标节点 goal 的下方，若节点 x 的双亲不是目标，则判断：若节点 x 是其双亲的左孩子，则节点 x 右旋；否则节点 x 左旋，直到节点 x 的双亲等于目标为止。若目标为 0，则节点 x 为根。逐层伸展就像猴子翻筋斗，一个筋斗接一个筋斗地翻到目标的下方。

例如，在下面的伸展树中将 1 旋转到根，逐层伸展的旋转过程如下图所示。

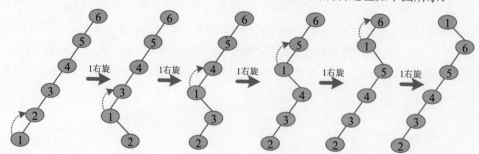

146

算法代码：

```
void Splay(int x,int goal){//逐层伸展
    while(tr[x].fa!=goal)
        Rotate(x);
    if(!goal)
        root=x;
}
```

算法分析：进行逐层伸展时，每次访问的时间复杂度在最坏情况下都为 $O(n)$，如何避免最坏情况的发生呢？一种简单、有效的方法是双层伸展，即每次都向上追溯两层，判断旋转类型并进行相应的旋转。

2. 双层伸展

双层伸展指每次都向上追溯两层，分 3 种情况旋转。

情况 1：Zig/Zag。若节点 x 的双亲 y 是根，则只需进行一次右旋或左旋即可。若节点 x 是其双亲 y 的左孩子，则节点 x 右旋，否则节点 x 左旋。

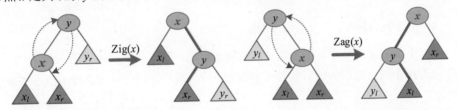

情况 2：Zig-Zig /Zag-Zag。若节点 x 的双亲 y 不是根，节点 y 的双亲是 z，且节点 x、节点 y 同时是各自双亲的左孩子或右孩子，则需要进行两次右旋或两次左旋。

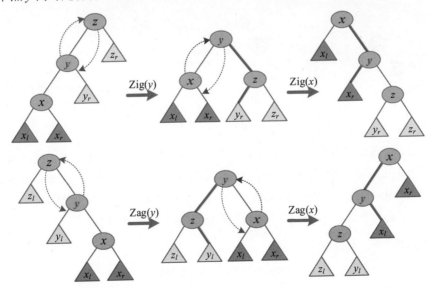

情况 3：Zig-Zag/Zag-Zig。若节点 x 的双亲 y 不是根，节点 y 的双亲是节点 z，且在节点 x、节点 y 中一个是其双亲的左孩子，另一个是其双亲的右孩子，则需要进行两次旋转：Zig-Zag 或 Zag-Zig。

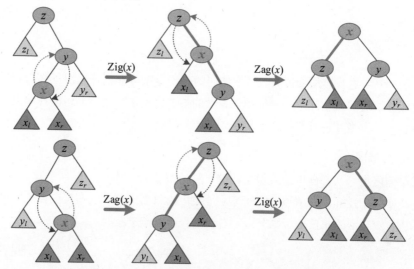

情况 1 和情况 3 都进行了节点 x 的右旋或左旋，和逐层伸展的方法完全一致，情况 2 则有所不同：逐层伸展时旋转了两次节点 x，双层伸展时首先旋转节点 y 再旋转节点 x。

例如，在下面的伸展树中将 1 旋转到根，双层伸展的旋转过程如下图所示。

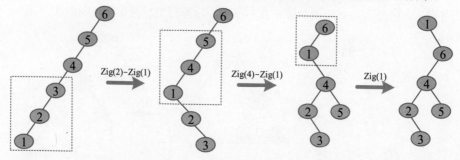

旋转后，双层伸展得到的树比逐层伸展得到的树高更小，基本操作的时间复杂度和树高成正比，因此双层伸展比逐层伸展效率更高。无论是右旋还是左旋，实现代码均统一为 Rotate()，因此伸展操作很容易实现。只需判断：情况 1，旋转 1 次节点 x；情况 2，先旋转节点 y 再旋转节点 x；情况 3，需要旋转两次节点 x。

算法代码：

```
void Splay(int x,int goal){//双层伸展，将节点 x 旋转到节点 goal 的孩子
```

```
while(tr[x].fa!=goal){
    int y=tr[x].fa,z=tr[y].fa;
    if(z!=goal)
        (tr[z].son[0]==y)^(tr[y].son[0]==x)?Rotate(x):Rotate(y);//^表示异或运算
    Rotate(x);
}
if(!goal) root=x;//若节点 goal 为 0，则更新根为节点 x
}
```

解释："(tr[z].son[0]==y)^(tr[y].son[0]==x)?Rotate(x):Rotate(y);"是问号表达式，^表示异或运算，两者相同时为 0，两者不同时为 1，当节点 x、节点 y 同时是各自双亲的左孩子或右孩子时，异或的结果为 0，旋转节点 y；否则旋转节点 x。下一行代码用于旋转节点 x。

算法分析：双层伸展可以使树高以接近减半的速度压缩。Tarjan 等人已经证明，双层伸展单次操作的均摊时间为 $O(\log n)$，比逐层伸展的效率高了很多。逐层伸展简单、易懂，在数据量不大的情况下可以通过，若数据量大或特殊数据卡点，则会超时。在某些题目中，用逐层伸展和双层伸展均可以解决问题，但是为了安全起见，建议使用效率更高的双层伸展。

4.4.4 查找

与二叉搜索树中的查找操作一样，在伸展树中查找节点 val，若查找成功，则将节点 val 旋转到根。

算法代码：

```
bool Find(int val){//在伸展树中查找节点 val
    int x=root;
    while(1){
        if(tr[x].val==val){
            Splay(x,0);//将节点 x 旋转到根
            return true;
        }
        if(tr[x].son[tr[x].val<val])
            x=tr[x].son[tr[x].val<val];
        else
            return false;
    }
}
```

4.4.5　插入

与二叉搜索树中的插入操作一样，首先将节点 val 插入伸展树的相应位置，再将其旋转到根。初始时，x=root，若 tr[x].val<val，则到节点 x 的右子树中查找，否则到节点 x 的左子树中查找；若节点 x 的子树不存在，则停止查找，首先生成新节点 val 并将其挂接到节点 x 的子树，然后将新节点旋转到根。

算法代码：

```
void Insert(int val) {//在伸展树中插入节点val
    int x;
    for(x=root;tr[x].son[tr[x].val<val];x=tr[x].son[tr[x].val<val]);//找位置
    tr[x].son[tr[x].val<val]=New(x,val);
    Splay(tr[x].son[tr[x].val<val],0); //将新插入的节点旋转到根
}
```

4.4.6　分裂

以元素 val 为界，将伸展树分裂为两棵伸展树 t_1 和 t_2，t_1 中的所有元素都小于 val，t_2 中的所有元素都大于 val。首先执行 Find(val)，将元素 val 调整为伸展树的根，则 val 的左子树是 t_1，右子树是 t_2。删除根，将伸展树分裂为 t_1 和 t_2 两棵伸展树。

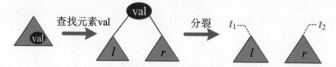

算法代码：

```
bool Split(int val,int &t1,int &t2){
    if(Find(val)){//查找成功
        t1=tr[root].son[0];
        t2=tr[root].son[1];
        tr[t1].fa=tr[t2].fa=0;
        return 1;
    }
    return 0;
}
```

4.4.7　合并

将两棵伸展树 t_1 和 t_2 合并为一棵伸展树，t_1 中的所有元素都小于 t_2 中的所有元素。首先找到伸展树 t_1 中的最大元素 x，查找最大值时会通过伸展操作将 x 调整为伸展树的根，之后将 t_2 作为根 x 的右子树。这样就得到了新的伸展树。

算法代码：

```
void Join(int t1,int t2){
    if(t1){
        Findmax();//查找 t1 的最大值
        tr[root].son[1]=t2;
        tr[t2].fa=root;
    }
    else
        root=t2;
}
```

4.4.8 删除

将元素 val 从伸展树中删除的具体操作：首先在伸展树中查找 val，然后以 val 为界，将伸展树分裂为两棵伸展树 t_1 和 t_2，最后将两棵伸展树合并。

算法代码：

```
void Delete(int val){//删除 val
    int t1=0,t2=0;
    if(Split(val,t1,t2))
        Join(t1,t2);
}
```

4.4.9 区间操作

若伸展树中节点的值为数列中每个元素的位置，则可以用伸展树实现线段树的所有功能，还可以实现线段树无法实现的功能，例如删除区间和插入区间。

删除区间：删除 $[l, r]$ 区间的所有元素。首先找到 a_{l-1}，将其旋转到根；然后找到 a_{r+1}，将其旋转到根的右孩子，此时 a_{r+1} 的左子树为 $[l, r]$ 区间，将 a_{r+1} 的左子树置空。

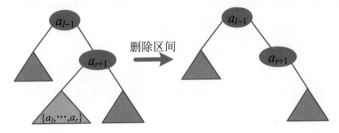

插入区间：在第 pos 个元素后插入一些元素 $\{a_1, a_2, \cdots, a_k\}$。首先将这些元素建成一棵伸展树 t_1，然后找到 a_{pos}，将其旋转到根；最后找到 a_{pos+1}，将其旋转到根的右孩子，将 t_1 挂接到 a_{pos+1} 的左子树。

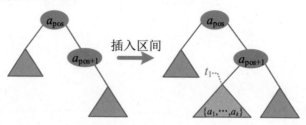

4.4.10　算法分析

除了上面介绍的基本操作，伸展树还支持求最大值、最小值、前驱、后继等操作，这些基本操作均建立在伸展操作的基础上。通常在每种操作后都会进行一次伸展操作，这样可以保证每次操作的平均时间复杂度都为 $O(\log n)$。

伸展树只需根据时空局部性的原理不断调整，无须记录额外的信息，从空间角度来看，伸展树比树堆、SBT 树、平衡二叉搜索树高效得多。因为伸展树的结构不变，所以只通过左旋和右旋进行操作对伸展树没有丝毫影响。伸展树也提供了二叉搜索树中最丰富的功能，包括快速分裂和合并，实现起来极为便捷，这是其他数据结构难以实现的。其次，伸展树的效率相当稳定，平均效率不输于其他平衡树，和树堆基本相当。伸展树最显著的缺点是它有可能变成一条链，但平均时间复杂度仍为 $O(\log n)$。

✏️ 训练 1　玩链子

题目描述（HDU3487）：有一条链子，上面有 n 颗钻石，钻石编号为 1～n。可以对该链子执行两种操作指令。①CUT $a\ b\ c$（区间切割），切下从第 a 颗钻石到第 b 颗钻石的链子，把它插入剩余链子上第 c 颗钻石之后；比如 n 等于 8，链子是 (1,2,3,4,5,6,7,8)，对该链子执行 CUT 3 5 4，会切下 (3,4,5) 链子，剩下 (1,2,6,7,8) 链子，把 (3,4,5) 插入第 4 颗钻石之后，现在的链子是 (1,2,6,7,3,4,5,8)。②FLIP $a\ b$（区间反转），切下从第 a 颗钻石到第 b 颗钻石的链子，把链子倒过来放回原来的位置，比如在链子 (1,2,6,7,3,4,5,8) 上执行 FLIP 2 6，则得到的链子是 (1,4,3,7,6,2,5,8)。那么，在执行 m 种操作后，链子的外观是怎样的呢？

输入：输入包括多个测试用例，测试用例的第 1 行都为 2 个数字 n 和 m（$1 \leqslant n$, $m \leqslant 3 \times 10^5$），分别表示链子的钻石总数和操作次数。接下来的 m 行，在每行都输入 CUT $a\ b\ c$ 或者 FLIP $a\ b$。CUT $a\ b\ c$ 表示区间切割，$1 \leqslant a \leqslant b \leqslant n$, $0 \leqslant c \leqslant n-(b-a+1)$；FLIP $a\ b$ 表示区间反转，$1 \leqslant a < b \leqslant n$。输入结束的标志是两个 -1，不做处理。

输出：对于每个测试用例，都输出一行 n 个数字，第 i 个数字是链子上第 i 颗钻石的编号。

输入样例	输出样例
8 2	1 4 3 7 6 2 5 8
CUT 3 5 4	
FLIP 2 6	
-1 -1	

题解：本题涉及区间切割（CUT $a\,b\,c$）和区间反转（FLIP $a\,b$）。这里以输入测试用例"8 2"为例进行分析，过程如下。

（1）链子的初始状态如下。

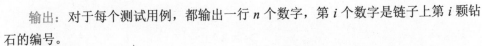

（2）执行 CUT 3 5 4：切下从第 3 颗钻石到第 5 颗钻石的链子，把它插入剩余链子上第 4 颗钻石之后。

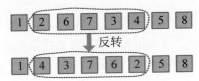

（3）执行 FLIP 2 6：切下从第 2 颗钻石到第 6 颗钻石的链子，把它倒过来放回原来的位置。

1．算法设计

（1）创建伸展树，因为要进行区间操作，所以增加两个虚节点。

（2）根据读入的信息，判断是进行区间切割操作还是进行区间反转操作。

（3）中序遍历输出伸展树。

2．完美图解

1）创建伸展树

数据序列为(1,2,3,4,5,6,7,8)，创建伸展树时在序列的首、尾增加两个虚节点，两个虚节点的值分别为–inf(无穷小)、inf(无穷大)。inf 是一个较大的数，比如 0x3f3f3f3f。由于在序列前面添加了一个虚节点，原来的位序增加 1，因此对[l, r]区间的操作变成了对[++l,++r]区间的操作。

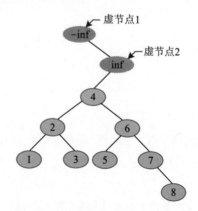

算法代码：

```
void Init(){
    cnt=root=0;
    tr[0].son[0]=tr[0].son[1]=0;
    root=New(0,-inf);//创建虚节点1
    tr[root].son[1]=New(root,inf);//创建虚节点2
    tr[root].size=2;
    Build(1,n,tr[tr[root].son[1]].son[0],tr[root].son[1]);
    Update(tr[root].son[1]);
    Update(root);
}
```

2）区间切割

首先切割[l, r]区间，将 A_{l-1} 旋转到根，然后将 A_{r+1} 旋转到 A_{l-1} 的下方，此时切割的[l, r]区间是 A_{r+1} 的左子树，用 tmp 暂存。接着查找第 pos 个节点，可以将 A_{pos} 旋转到根，再将 A_{pos+1} 旋转到 A_{pos} 的下方，将 tmp 挂接到 A_{pos+1} 的左子树即可，相当于将[l, r]区间插入第 pos 个节点之后，如下图所示。

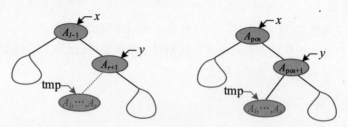

CUT 3 5 4：因为添加了虚节点，因此切割[4,6]区间，将其插入剩余区间第 5 个节点之后。首先将第 3 个节点（数字 2）旋转到根，然后将第 7 个节点（数字 6）旋转到第 3 个节点的下方，此时切割的区间就是第 7 个节点的左子树，用 tmp 暂存。

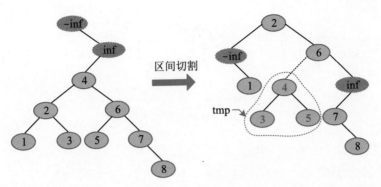

将第 5 个节点旋转到根，将第 6 个节点旋转到其下方，将 tmp 挂接到第 6 个节点的左子树即可，此时序列为(1,2,6,7,3,4,5,8)，如下图所示。

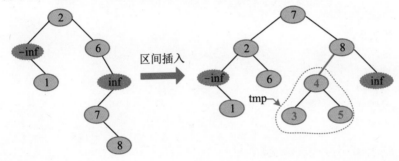

算法代码：

```
void Cut(int l,int r,int c){//将[l,r]区间切割，插入第 c 个元素之后
    int x=Findk(root,l-1),y=Findk(root,r+1);
    Splay(x,0),Splay(y,x);
    int tmp=tr[y].son[0];
    tr[y].son[0]=0;//删除
    Update(y),Update(x);
    x=Findk(root,c),y=Findk(root,c+1);
    Splay(x,0),Splay(y,x);
    tr[y].son[0]=tmp;
    tr[tmp].fa=y;
    Update(y),Update(x);
}
```

3）区间反转

与区间切割类似，反转[l, r]区间时，只需首先将 A_{l-1} 旋转到根，然后将 A_{r+1} 旋转到 A_{l-1} 的下方，此时待反转的[l, r]区间就是 A_{r+1} 的左子树，对该区间的根做反转懒标记即可。

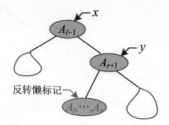

算法代码：

```
void Flip(int l,int r){//将[l,r]区间反转
    int x=Findk(root,l-1),y=Findk(root,r+1);
    Splay(x,0),Splay(y,x);
    tr[tr[y].son[0]].rev^=1;//做反转懒标记
}
```

3. 算法实现

```
struct node{
    int son[2];//左、右孩子0、1
    int val,fa;//值、双亲
    int size,rev;//子树大小、反转懒标记
}tr[maxn];

void Update(int x){//更新子树的大小
    tr[x].size=1;
    if(tr[x].son[0])
        tr[x].size+=tr[tr[x].son[0]].size;
    if(tr[x].son[1])
        tr[x].size+=tr[tr[x].son[1]].size;
}

void Pushdown(int x){ //向下传递反转懒标记
    if(tr[x].rev){
        tr[x].rev^=1;
        swap(tr[x].son[0],tr[x].son[1]);
        if(tr[x].son[0])
            tr[tr[x].son[0]].rev^=1;
        if(tr[x].son[1])
            tr[tr[x].son[1]].rev^=1;
    }
}

int New(int father,int val){//生成新节点
    tr[++cnt].fa=father;
    tr[cnt].val=val;
    tr[cnt].size=1;
```

```
        tr[cnt].rev=0;
        tr[cnt].son[0]=tr[cnt].son[1]=0;
        return cnt;
}

void Rotate(int x){//旋转
        Pushdown(x);
        int y=tr[x].fa,z=tr[y].fa;;
        int c=tr[y].son[0]==x;
        tr[y].son[!c]=tr[x].son[c];
        tr[tr[x].son[c]].fa=y;
        tr[x].fa=z;
        if(z)
            tr[z].son[tr[z].son[1]==y]=x;
        tr[x].son[c]=y;
        tr[y].fa=x;
        Update(y);
        Update(x);
}

void Splay(int x,int goal){//将 x 旋转到 goal 的孩子
        while(tr[x].fa!=goal){
            int y=tr[x].fa,z=tr[y].fa;
            if(z!=goal)
                (tr[z].son[0]==y)^(tr[y].son[0]==x)?Rotate(x):Rotate(y)Rotate(x);
        }
        if(!goal) root=x;//若 goal 是 0，则更新根为 x
}

int Findk(int x,int k){//查找第 k 个元素
        while(1){
            Pushdown(x);
            int sn=tr[x].son[0]?tr[tr[x].son[0]].size+1:1;
            if(k==sn)
                return x;
            if(k>sn)
                k-=sn,x=tr[x].son[1];
            else
                x=tr[x].son[0];
        }
}

void Build(int l,int r,int &t,int fa){//创建伸展树
        if(l>r)
            return;
        int mid=l+r>>1;
```

```
    t=New(fa,mid);
    Build(l,mid-1,tr[t].son[0],t);
    Build(mid+1,r,tr[t].son[1],t);
    Update(t);
}


void Init(){//初始化
    cnt=root=0;
    tr[0].son[0]=tr[0].son[1]=0;
    root=New(0,-inf);//创建虚节点1
    tr[root].son[1]=New(root,inf);//创建虚节点2
    tr[root].size=2;
    Build(1,n,tr[tr[root].son[1]].son[0],tr[root].son[1]);
    Update(tr[root].son[1]);
    Update(root);
}


void Cut(int l,int r,int c){//将[l,r]区间切割，插入第c个节点之后
    int x=Findk(root,l-1),y=Findk(root,r+1);
    Splay(x,0),Splay(y,x);
    int tmp=tr[y].son[0];
    tr[y].son[0]=0;//删除
    Update(y),Update(x);
    x=Findk(root,c),y=Findk(root,c+1);
    Splay(x,0),Splay(y,x);
    tr[y].son[0]=tmp;
    tr[tmp].fa=y;
    Update(y),Update(x);
}


void Flip(int l,int r){//将[l,r]区间反转
    int x=Findk(root,l-1),y=Findk(root,r+1);
    Splay(x,0),Splay(y,x);
    tr[tr[y].son[0]].rev^=1;//做反转懒标记
}


void Print(int k){//中序遍历测试
    Pushdown(k);
    if(tr[k].son[0])
        Print(tr[k].son[0]);
    if(tr[k].val!=-inf&&tr[k].val!=inf){
        if(flag)
            printf("%d",tr[k].val),flag=0;
        else
            printf(" %d",tr[k].val);
    }
```

```
    if(tr[k].son[1])
        Print(tr[k].son[1]);
}
```

✎ 训练 2 超强记忆

题目描述（POJ3580）：杰克逊被邀请参加电视节目"超强记忆"，参与者会玩一个记忆游戏。主持人首先告诉参与者一个数字序列$(A_1, A_2, \cdots, A_n)$，然后对该序列执行一系列操作或查询指令：①ADD $x\ y\ D$，表示对子序列$(A_x, \cdots, A_y)$的每个数字都增加 D，例如在序列(1,2,3,4,5)上执行 ADD 2 4 1，结果为(1,3,4,5,5)；②REVERSE $x\ y$，表示反转子序列$(A_x, \cdots, A_y)$，例如在序列(1,2,3,4,5)上执行 REVERSE 2 4，结果为(1,4,3,2,5)；③REVOLVE $x\ y\ T$，表示旋转子序列$(A_x, \cdots, A_y)T$ 次，例如在序列(1,2,3,4,5)上执行 REVOLVE 2 4 2，结果为(1,3,4,2,5)；④INSERT $x\ P$，表示在 A_x 后插入 P，例如在序列(1,2,3,4,5)上执行 INSERT 2 4，结果为(1,2,4,3,4,5)；⑤DELETE x，表示删除 A_x，例如在序列(1,2,3,4,5)上执行 DELETE 2，结果为(1,3,4,5)；⑥MIN $x\ y$，表示查询子序列$(A_x, \cdots, A_y)$的最小数值，例如在序列(1,2,3,4,5)上执行 MIN 2 4，结果为 2。为了使节目更有趣，参与者有机会求助他人。请写一个程序，正确回答每个问题，以便在杰克逊打电话时帮助他。

输入：第 1 行为数字 $n(n \leq 10^5)$；然后为 n 行数字序列；接着为数字 $M(M \leq 10^5)$，表示操作或查询指令的数量；最后为 M 行操作或查询指令。

输出：对于每个 MIN 查询指令，都输出正确的答案。

输入样例	输出样例
5	5
1	
2	
3	
4	
5	
2	
ADD 2 4 1	
MIN 4 5	

题解：本题涉及 6 种操作：插入、删除、区间查询、区间修改、区间反转、区间旋转，完美诠释了伸展树的强大。

1. 算法设计

（1）插入。在第 pos 个元素后插入一个元素 val 时，首先将 A_pos 旋转到根，然后将 $A_\text{pos+1}$ 旋转到 A_pos 的下方，最后在 $A_\text{pos+1}$ 的左子树中插入新节点 val 即可。

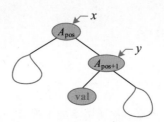

算法代码：

```
void Insert(int pos,int val){
    int x=Findk(root,pos),y=Findk(root,pos+1);
    Splay(x,0),Splay(y,x);
    tr[y].son[0]=New(y,val);
    Update(y),Update(x);
}
```

（2）删除。删除第 pos 个元素时，首先将 $A_{\text{pos}-1}$ 旋转到根，然后将 $A_{\text{pos}+1}$ 旋转到 $A_{\text{pos}-1}$ 的下方，此时 A_{pos} 就是 $A_{\text{pos}+1}$ 的左子树，直接删除 A_{pos} 即可。

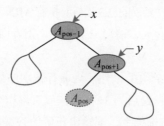

算法代码：

```
void Delete(int pos){//删除
    int x=Findk(root,pos-1),y=Findk(root,pos+1);
    Splay(x,0),Splay(y,x);
    tr[y].son[0]=0;
    Update(y),Update(x);
}
```

（3）区间查询。查询$[l, r]$区间的最小值时，只需首先将 A_{l-1} 旋转到根，然后将 A_{r+1} 旋转到 A_{l-1} 的下方，此时需要查询的$[l, r]$区间就是 A_{r+1} 的左子树，输出该节点的最小值即可。

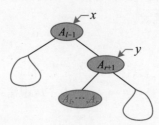

算法代码：

```
int Min(int l,int r){//查询[l,r]区间的最小值
    int x=Findk(root,l-1),y=Findk(root,r+1);
    Splay(x,0),Splay(y,x);
    return tr[tr[y].son[0]].minv;
}
```

（4）区间修改。与区间查询类似，将$[l,r]$区间的所有元素都增加 val 时，只需首先将A_{l-1}旋转到根，然后将A_{r+1}旋转到A_{l-1}的下方，此时需要增加的$[l,r]$区间就是A_{r+1}的左子树，修改该$[l,r]$区间的根（值、区间最小值、懒标记），在下次访问时懒标记会被向下传递。

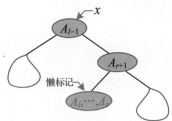

算法代码：

```
void Add(int l,int r,int val){//在[l,r]区间增加val
    int x=Findk(root,l-1),y=Findk(root,r+1);
    Splay(x,0),Splay(y,x);
    tr[tr[y].son[0]].val+=val;
    tr[tr[y].son[0]].minv+=val;
    tr[tr[y].son[0]].add+=val;
    Update(y),Update(x);
}
```

（5）区间反转。与区间查询类似，反转$[l,r]$区间时，只需首先将A_{l-1}旋转到根，然后将A_{r+1}旋转到A_{l-1}的下方，此时需要反转的$[l,r]$区间就是A_{r+1}的左子树，对该区间的根做反转懒标记即可。

算法代码：

```
void Reverse(int l,int r){//反转[l,r]区间
    int x=Findk(root,l-1),y=Findk(root,r+1);
    Splay(x,0),Splay(y,x);
    tr[tr[y].son[0]].rev^=1;//做反转懒标记
}
```

（6）区间旋转。旋转$[l,r]$区间 T 次，即将$[l,r]$区间循环右移 T 次，相当于将$[r-T+1,r]$区间的元素移动到A_{l-1}之后。

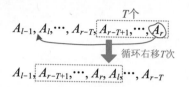

可以将该$[r–T+1, r]$区间暂存后删除，再插入$A_{l–1}$之后。首先将$A_{r–T}$旋转到根，然后将A_{r+1}旋转到$A_{r–T}$的下方，此时$[r–T+1, r]$区间就是$A_{r–T}$的左子树，将其暂存给 tmp 后删除。

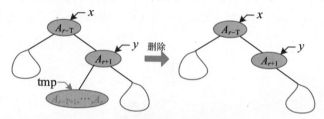

接着将 tmp 插入$A_{l–1}$之后。只需首先将$A_{l–1}$旋转到根，然后将A_l旋转到$A_{l–1}$的下方，将 tmp 挂接到A_l的左子树，即可完成插入操作。

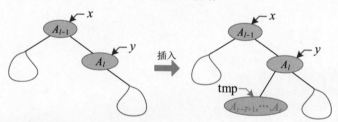

因为T有可能超过$[l, r]$区间的长度（$m=r–l+1$），所以只需$T=T\%m$。若T有可能为负值，则可以通过$T=(T+m)\%m$处理。

算法代码：

```
void Revolve(int l,int r,int T){//偏移 T 位
    T%=r-l+1;
    if(T==0) return;
    int x=Findk(root,r-T),y=Findk(root,r+1);
    Splay(x,0),Splay(y,x);
    int tmp=tr[y].son[0];
    tr[y].son[0]=0;
    Update(y),Update(x);
    x=Findk(root,l-1),y=Findk(root,l);
    Splay(x,0),Splay(y,x);
    tr[y].son[0]=tmp;
    tr[tmp].fa=y;
    Update(y),Update(x);
}
```

2. 伸展树的基本操作

以上都是通过伸展树的基本操作实现的，包括创建、查找、伸展、旋转、更新和向下传递。

（1）创建。处理$[l, r]$区间时，经常首先需要将A_{l-1}旋转到根，然后将A_{r+1}旋转到A_{l-1}的下方，但是若$l=1$或$r=n$，则这两个节点或许是不存在的，因此创建伸展树时在序列的首、尾增加两个虚节点，两个虚节点的值分别为$-\text{inf}$（无穷小）、inf（无穷大）。由于在序列前面增加了一个虚节点，原来的位序增加 1，因此对$[l, r]$区间的操作变成了对$[++l, ++r]$区间的操作。

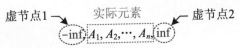

创建的伸展树如下图所示。

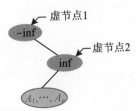

本题不是按值的大小进行插入和删除的，是按位序进行的，因此在创建伸展树时直接按照线段树的创建方法进行二分创建，就能创建一棵平衡二叉搜索树，一开始就把伸展树的高度压缩，使其扁平化，从而提高效率。

对于输入样例$(1,2,3,4,5)$，创建的伸展树如下图所示。

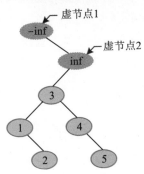

算法代码：

```
struct node{
    int son[2];//左、右孩子 0、1
    int val,fa;//值, 双亲
    int minv;//最小值
```

```
    int size,add,rev;//大小，加标记，反转懒标记
}tr[maxn];

void Build(int l,int r,int &t,int fa){//创建伸展树
    if(l>r)
        return;
    int mid=l+r>>1;
    t=New(fa,a[mid]);
    Build(l,mid-1,tr[t].son[0],t);
    Build(mid+1,r,tr[t].son[1],t);
    Update(t);
}
void Init(){//初始化
    cnt=root=0;
    tr[0].son[0]=tr[0].son[1]=0;
    root=New(0,-inf);//创建虚节点1
    tr[root].son[1]=New(root,inf);//创建虚节点2
    tr[root].size=2;
    Build(1,n,tr[tr[root].son[1]].son[0],tr[root].son[1]);
    Update(tr[root].son[1]);
    Update(root);
}
```

（2）查找。在伸展树中查找第 k 个节点（中序遍历顺序）时，从当前节点 x 开始执行向下传递操作。若节点 x 有左子树，则计数器 sn=左子树的节点数+1，否则 sn=1；若 k==sn，则说明已找到，返回节点 x；若 k>sn，则 k-=sn，在节点 x 的右子树中查找，否则在节点 x 的左子树中查找。

在下面的伸展树中查找第 4 个节点。x 指向根，k=4，x 没有左子树，计数器 sn=1；k>sn，k-=sn=3，x 指向自己的右子树，继续查找。x 有左子树，计数器 sn=左子树的节点数+1=6；k<sn，x 指向自己的左子树，继续查找。x 有左子树，计数器 sn=左子树的节点数+1=3。此时 k=sn，x 指向的节点就是第 4 个节点。

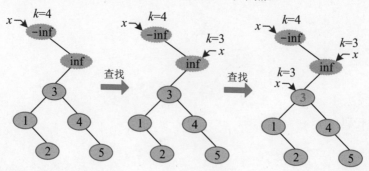

算法代码：

```
int Findk(int x,int k){
    while(1){
        Pushdown(x);
        int sn=tr[x].son[0]?tr[tr[x].son[0]].size+1:1;
        if(k==sn)
            return x;
        if(k>sn)
            k-=sn,x=tr[x].son[1];
        else
            x=tr[x].son[0];
    }
}
```

（3）伸展。伸展操作指将节点 *x* 旋转到目标节点 goal 的下方。需要判断节点 *x* 与其双亲的关系，将节点 *x* 旋转到目标节点 goal 的下方。若节点 goal 为空，则此时节点 *x* 是根。

算法代码：

```
void Splay(int x,int goal){//将节点x旋转到节点goal的孩子
    while(tr[x].fa!=goal){
        int y=tr[x].fa,z=tr[y].fa;
        if(z!=goal)
            (tr[z].son[0]==y)^(tr[y].son[0]==x)?Rotate(x):Rotate(y);
        Rotate(x);
    }
    if(!goal) root=x;//若节点goal为0，则更新根为节点x
}
```

（4）旋转。与伸展树中的旋转操作不同的是，多了向下传递和更新，其他都相同。

算法代码：

```
void Rotate(int x){//旋转
    Pushdown(x);//向下传递懒标记
    int y=tr[x].fa,z=tr[y].fa;
    int c=tr[y].son[0]==x;
    tr[y].son[!c]=tr[x].son[c];
    tr[tr[x].son[c]].fa=y;
    tr[x].fa=z;
    if(z)
        tr[z].son[tr[z].son[1]==y]=x;
    tr[x].son[c]=y;
    tr[y].fa=x;
    Update(y);//更新
    Update(x);
}
```

（5）更新。每个节点都携带以该节点为根的子树的最小值节点 minv、子树大小 size 两个信息，在旋转及修改过程中需要及时更新 minv 和 size 信息。minv 用于区间查询最小值，size 用于查找第几个节点且提取区间。

算法代码：

```
void Update(int x){ //更新
    tr[x].minv=tr[x].val;
    tr[x].size=1;
    if(tr[x].son[0]){
        tr[x].size+=tr[tr[x].son[0]].size;
        tr[x].minv=min(tr[x].minv,tr[tr[x].son[0]].minv);
    }
    if(tr[x].son[1]){
        tr[x].size+=tr[tr[x].son[1]].size;
        tr[x].minv=min(tr[x].minv,tr[tr[x].son[1]].minv);
    }
}
```

（6）向下传递。增加和反转操作均用到了懒标记，首先只修改区间的根，然后做懒标记，下次访问到该节点时向下传递懒标记即可。若当前节点有反转懒标记，则反转懒标记与 1 做异或运算 rev^=1，即若原来是 1，则变为 0，若原来是 0，则变为 1。交换当前节点的左、右孩子；若当前节点有左孩子，则其左孩子的反转懒标记与 1 做异或运算；若当前节点有右孩子，则其右孩子的反转懒标记与 1 做异或运算。若当前节点有加标记，且当前节点有左孩子，则对其左孩子的值、最小值、加标记都加上 add；若当前节点有右孩子，则对其右孩子的值、最小值、加标记都加上 add；然后清除当前节点的加标记。

算法代码：

```
void Pushdown(int x){//向下传递懒标记
    if(tr[x].rev){//向下传递反转懒标记
        tr[x].rev^=1;
        swap(tr[x].son[0],tr[x].son[1]);
        if(tr[x].son[0])
            tr[tr[x].son[0]].rev^=1;
        if(tr[x].son[1])
            tr[tr[x].son[1]].rev^=1;
    }
    if(tr[x].add){//向下传递加标记
        if(tr[x].son[0]){
            tr[tr[x].son[0]].add+=tr[x].add;
            tr[tr[x].son[0]].val+=tr[x].add;
            tr[tr[x].son[0]].minv+=tr[x].add;
```

```
    }
    if(tr[x].son[1]){
        tr[tr[x].son[1]].add+=tr[x].add;
        tr[tr[x].son[1]].val+=tr[x].add;
        tr[tr[x].son[1]].minv+=tr[x].add;
    }
    tr[x].add=0;//清除加标记
  }
}
```

3. 完美图解

对于输入样例(1,2,3,4,5)，二分创建的伸展树如下图所示。

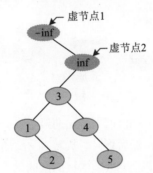

（1）ADD 2 4 1，将[++*l*, ++*r*]区间即[3,5]中的所有元素都加 1。根据上面描述的区间增加操作，只需首先将 A_{l-1} 旋转到根，然后将 A_{r+1} 旋转到 A_{l-1} 的下方，此时需要增加的[*l*, *r*]区间就是 A_{r+1} 的左子树，修改[*l*, *r*]区间的根（值、区间最小值、懒标记）即可。

首先找到 A_{l-1}（中序遍历序列的第 2 个节点），*x* 指向第 2 个节点，将 *x* 旋转到根。

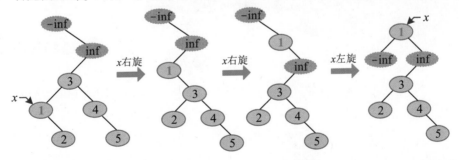

然后找到 A_{r+1}（中序遍历序列的第 6 个节点），*y* 指向第 6 个节点，将 *y* 旋转到 *x* 的下方。

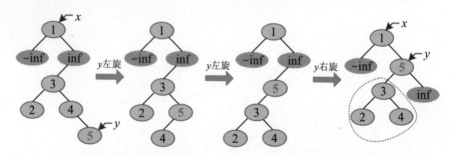

此时 y 的左子树正是要增加的区间，对该子树的根进行更新并做懒标记。

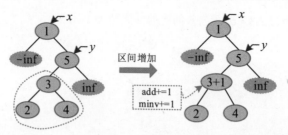

（2）MIN 4 5，查询[++l, ++r]区间即[5,6]的最小值。根据上面描述的区间查询操作，只需首先将 A_{l-1} 旋转到根，然后将 A_{r+1} 旋转到 A_{l-1} 的下方，此时需要增加的[l, r]区间就是 A_{r+1} 的左子树，返回该[l, r]区间的根的区间最小值即可。

首先找到 A_{l-1}（中序遍历序列的第 4 个节点），并将其旋转到根，在查找第 4 个节点的过程中将该节点的懒标记 add 向下传递给两个孩子，x 指向第 4 个节点，将 x 旋转到根。

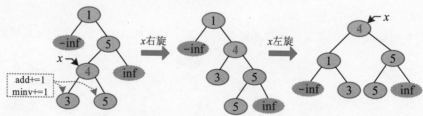

找到 A_{r+1}，y 指向该节点，将 y 旋转到 x 的下方，返回 y 的左子树的根的区间最小值即可。

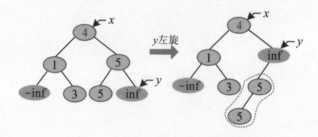

第 5 章

图论提高

5.1 连通图与强连通图

图的连通性是图的基本性质，根据无向图和有向图的特点，图又分为连通图和强连通图。

1. 连通图

在无向图中，若从节点 v_i 到节点 v_j 有路径，则称"节点 v_i 和节点 v_j 是连通的"。若图中任意两个节点都是连通的，则称图 G 为"连通图"。如下图所示就是一个连通图。

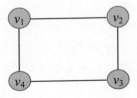

无向图 G 的极大连通子图被称为"图 G 的连通分量"。极大连通子图是图 G 的连通子图，若再向其中加入一个节点，则该子图不连通。连通图的连通分量就是它本身；非连通图则有两个以上的连通分量。例如在下图中有 3 个连通分量。

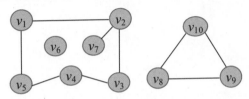

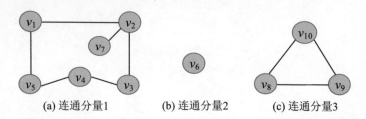

(a) 连通分量1   (b) 连通分量2   (c) 连通分量3

2. 强连通图

在有向图中，若图中的任意两个节点从节点 v_i 到节点 v_j 都有路径，且从节点 v_j 到节点 v_i 也有路径，则称图 G 为"强连通图"。有向图 G 的极大强连通子图被称为"图 G 的强连通分量"。极大强连通子图是图 G 的强连通子图，若再向其中加入一个节点，则该子图不再强连通。例如在下图中，(a)是强连通图，(b)不是强连通图，(c)是(b)的强连通分量。

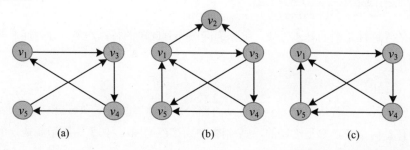

(a)   (b)   (c)

5.2 桥与割点

在生活中，桥是连接河两岸的交通要道，桥若断了，则河两岸不再连通。在图论中，桥有同样的含义，若在无向连通图 G 中删除一条边 e，图 G 就分裂为两个不连通的子图，e 为图 G 的桥或割边。如下图所示，去掉边 5-8 后，图分裂成两个不连通的子图，边 5-8 为图 G 的桥。

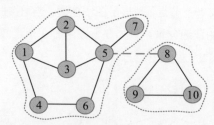

在日常网络中有很多路由器使网络连通，有的路由器坏掉也无伤大雅，网络仍然连通，但若关键节点的路由器坏了，则网络将不再连通。若在去掉无向连通图 G 中的一个节点 v 及与节点 v 关联的所有边后，图 G 分裂为两个或两个以上不连通的子图，

则节点 v 为图 G 的割点。

如下图所示，若 5 的路由器坏了，则图 G 将不再连通，会分裂为 3 个不连通的子图，5 为图 G 的割点。

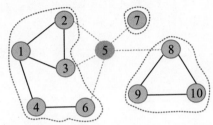

> **！注意** 删除边时，只删除该边即可，不要删除与边关联的节点；而删除节点时，要删除该节点及其关联的所有边。

割点与桥的关系：①有割点不一定有桥，有桥一定有割点；②桥一定是割点关联的边。

5.3 双连通分量的缩点

若在无向图中不存在桥，则称它为"边双连通图"。在边双连通图中，在任意两个节点之间都存在两条及以上路径，且路径上的边互不重复。若在无向图中不存在割点，则称它为"点双连通图"。在点双连通图中，若节点数大于 2，则在任意两个节点之间都存在两条及以上路径，且路径上的节点互不重复。

无向图的极大边双连通子图被称为"边双连通分量"，记为"e-DCC"。无向图的极大点双连通子图被称为"点双连通分量"，记为"v-DCC"。二者被统称为"双连通分量"，记为"DCC"。若把每个边双连通分量 e-DCC 都看作一个点（即"缩点"），把桥看作连接两个缩点的无向边，则可得到一棵树，这种方法被称为"e-DCC 缩点"。

例如，在下图中有两个桥：5-7 和 5-8，将每个桥的边都保留，将桥两端的边双连通分量都看作一个点，生成一棵树。

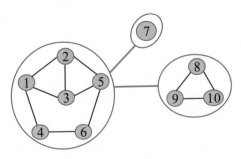

⚠ **注意**　边双连通分量就是删除桥后留下的连通块，但点双连通分量并不是删除割点后留下的连通块。

在图 G 中有两个割点（5 和 8）及 4 个点双连通分量，如下图所示。

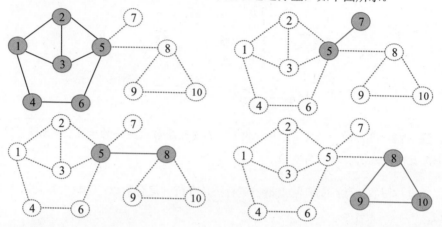

若把每个点双连通分量 v-DCC 都看作一个节点，把每个割点都看作一个节点，每个割点都向包含它的 v-DCC 连接一条边，则可得到一棵树，这种方法被称为"v-DCC 缩点"。

例如，在图 G 中有两个割点 5、8，前 3 个点双连通分量都包含 5，因此从 5 向它们引一条边，后两个点双连通分量都包含 8，因此从 8 向它们引一条边，如下图所示。

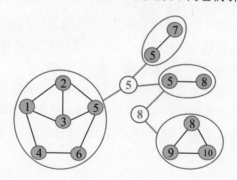

5.4　Tarjan 算法

Robert Tarjan 以在数据结构和图论上的开创性工作而闻名，他的一些著名算法包括 Tarjan 最近公共祖先离线算法、Tarjan 强连通分量算法及 Link-Cut-Trees 算法等。其中，Hopcroft-Tarjan 平面嵌入算法是第 1 个线性时间平面算法。Robert Tarjan 开创了重要的数据结构，例如斐波纳契堆和伸展树，还分析了并查集。

在讲解 Tarjan 算法之前，首先介绍时间戳和追溯点的概念。

- 时间戳：dfn[u]表示节点 u 深度优先遍历的序号。
- 追溯点：low[u]表示节点 u 或节点 u 的子孙能通过非双亲–孩子边追溯到的 dfn 最小值，即回到最早的过去。

例如，在深度优先搜索中，每个节点的时间戳和追溯点的求解过程如下。

初始时，dfn[u]=low[u]，若该节点的邻接点未被访问，则一直进行深度优先遍历，1-2-3-5-6-4，此时 4 的邻接点 1 已被访问，且 1 不是 4 的双亲，4 的双亲是 6（深度优先搜索树上的双亲）。

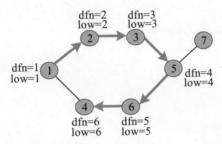

4 能回到最早的节点是 1（dfn=1），因此 low[4]=min(low[4],dfn[1])=1。返回时更新 low[6]=min(low[6],low[4])=1。更新路径上所有祖先的 low 值，因为凡是子孙能回到的追溯点，其祖先也能回到。

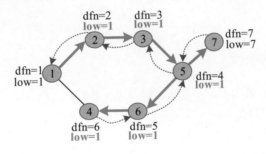

5.4.1　无向图的桥

桥判定法则：无向边 x-y 是桥，当且仅当在搜索树上存在节点 x 的一个孩子 y 时，满足 low[y]>dfn[x]。

也就是说，若一个节点的孩子的 low 值比自己的 dfn 值大，则从该节点到这个孩子的边为桥。在下图中，边为 5-7，5 的孩子为 7，且满足 low[7]>dfn[5]，因此边 5-7 为桥。

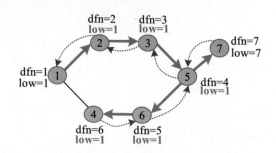

算法代码：

```
void tarjan(int u,int fa){
   dfn[u]=low[u]=++num;
   for(int i=head[u];i;i=e[i].next){
      int v=e[i].to;
      if(v==fa)
         continue;
      if(!dfn[v]){
         tarjan(v,u);
         low[u]=min(low[u],low[v]);
         if(low[v]>dfn[u])
            cout<<u<<"—"<<v<<"是桥"<<endl;
      }
      else
         low[u]=min(low[u],dfn[v]);
   }
}
```

5.4.2 无向图的割点

割点判定法则：若节点 x 不是根，则节点 x 是割点，当且仅当在搜索树上存在节点 x 的一个孩子 y，满足 low[y]≥dfn[x]；若节点 x 是根，则节点 x 是割点，当且仅当在搜索树上至少存在两个孩子，满足该条件。

在下图中，5 不是根，5 的孩子 7 满足 low[7]>dfn[5]，因此 5 是割点。

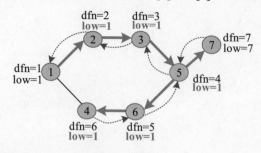

有几种割点判定情况，如下图所示。

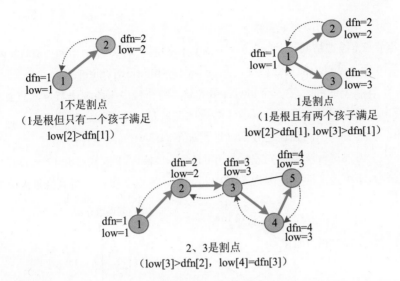

1不是割点
（1是根但只有一个孩子满足
low[2]>dfn[1]）

1是割点
（1是根且有两个孩子满足
low[2]>dfn[1], low[3]>dfn[1]）

2、3是割点
（low[3]>dfn[2], low[4]=dfn[3]）

算法代码：

```
void tarjan(int u,int fa){//求割点
    dfn[u]=low[u]=++num;
    int count=0;
    for(int i=head[u];i;i=e[i].next){
        int v=e[i].to;
        if(v==fa)
            continue;
        if(!dfn[v]){
            tarjan(v,u);
            low[u]=min(low[u],low[v]);
            if(low[v]>=dfn[u]){
                count++;
                if(u!=root||count>1)
                    cout<<u<<"是割点"<<endl;
            }
        }
        else
            low[u]=min(low[u],dfn[v]);
    }
}
```

5.4.3　有向图的强连通分量

算法步骤：

（1）深度优先遍历节点，在第 1 次访问节点 x 时，将节点 x 入栈，且 dfn[x]=low[x]=++num。

（2）遍历节点 x 的所有邻接点 y。

- 若节点 y 没被访问，则递归访问节点 y，返回时更新 $low[x]=\min(low[x],low[y])$。
- 若节点 y 已被访问且在栈中，则令 $low[x]=\min(low[x],dfn[y])$。

（3）在节点 x 回溯之前，若 $low[x]=dfn[x]$，则在栈中不断弹出节点，直到节点 x 出栈时停止。弹出的节点及其关联的边组成的图就是一个强连通分量。

例如，求解有向图的强连通分量，过程如下。

（1）从 1 出发进行深度优先搜索，$dfn[1]=low[1]=1$，1 入栈；$dfn[2]=low[2]=2$，2 入栈；此时无路可走，回溯。因为 $dfn[2]=low[2]$，所以 2 出栈，得到强连通分量 2。

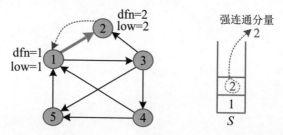

（2）回溯到 1 后，继续访问 1 的下一个邻接点 3。接着访问 3-4-5，5 的邻接点 1 的 dfn 已经有解且在栈中，更新 $low[5]=\min(low[5],dfn[1])=1$。回溯时更新 $low[4]=\min(low[4],low[5])=1$，$low[3]=\min(low[3],low[4])=1$，$low[1]=\min(low[1],low[3])=1$。1 的所有邻接点都已访问完毕，因为 $dfn[1]=low[1]$，所以开始出栈，直到遇到 1，得到强连通分量 5 4 3 1。

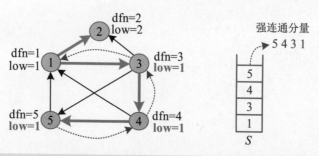

```
void tarjan(int u){//求强连通分量
    low[u]=dfn[u]=++num;
    ins[u]=true;
    s.push(u);
    for(int i=head[u];i;i=e[i].next){
        int v=e[i].to;
        if(!dfn[v]){
            tarjan(v);
            low[u]=min(low[u],low[v]);
        }
```

```
    else if(ins[v])
        low[u]=min(low[u],dfn[v]);
}
if(low[u]==dfn[u]){
    int v;
    cout<<"强连通分量: ";
    do{
        v=s.top();
        s.pop();
        cout<<v<<" ";
        ins[v]=false;
    }while(v!=u);
    cout<<endl;
}
}
```

训练 1　道路建设

题目描述（POJ3352）：热带岛屿负责管理道路的人们想修理和升级岛上各个旅游景点之间的道路。道路本身也很有趣，它们从不在交叉路口汇合，而是通过桥梁和隧道相互交叉或相互通过。通过这种方式，每条道路都在两个特定的旅游景点之间，这样游客就不会迷失。不幸的是，当建筑公司在特定道路上工作时，该道路在任意一个方向都无法使用。若在两个旅游景点之间无法通行，则即使建筑公司在任意特定时间内只在一条道路上工作，也可能出现问题。

道路部门已经决定在旅游景点之间建设新的道路，以便在最终的道路配置中，若任意一条道路正在建设，则游客仍然可以使用剩余的道路在任意两个旅游景点之间旅行。我们的任务是找到所需的最少数量的新道路。

输入：第 1 行为正整数 n（$3 \leq n \leq 1000$）和 r（$2 \leq r \leq 1000$），其中 n 是旅游景点的数量，r 是道路的数量。旅游景点的编号为 1～n。以下 r 行中的每一行都将由两个整数 v 和 w 组成，表示在旅游景点 v 和 w 之间存在道路。请注意，道路是双向的，在任意两个旅游景点之间最多有一条道路。此外，在目前的道路配置中，游客可以在任意两个旅游景点之间旅行。

输出：单行输出需要添加的最少道路数量。

输入样例	输出样例
10 12	2
1 2	0
1 3	
1 4	
2 5	
2 6	

```
5  6
3  7
3  8
7  8
4  9
4  10
9  10
3  3
1  2
2  3
1  3
```

题解：对于输入样例 2，构建的图如下图所示。不需要添加新的道路，就可以保证在维修任意一条道路时通过其他道路到达任何一个旅游景点。至少需要添加 0 条边。

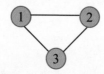

如何求解至少添加多少条边呢？

（1）若在无向图中不存在桥，则称它为"边双连通图"。若节点在一个边双连通分量中，则不需要添加边。因此需要求解边双连通分量。在边双连通分量之间需要添加边。输入样例 1，其边双连通分量如下图所示。

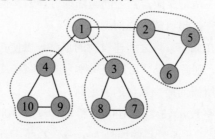

（2）将每个连通分量都看作一个点，如下图所示。

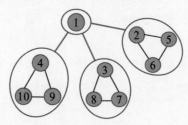

（3）求解需要添加的新的道路数量。若度为 1 的节点数为 k，则至少需要添加 $(k+1)/2$ 条边。例如，对 3 个度为 1 的节点至少需要添加两条边，对 4 个度为 1 的节点至少需要添加两条边。

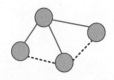 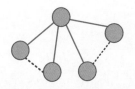

　　为什么要统计叶子（度为 1 的节点）呢？在连通分量缩点后得到一棵树，在树中任意两个节点之间添加一条边都会形成一条回路。若在两个叶子之间添加一条边，则叶子和一些分支节点一起形成一条回路。而在分支节点之间添加一条边，形成的回路不会包含叶子。因此通过连接叶子可以添加最少的边，使每个节点都在回路中。

　　为什么添加的边数为$(k{+}1)/2$？实际上，若度为 1 的节点数为偶数 k，则直接两两添加一条边即可，即 $k/2$；若度为 1 的节点数为奇数，则在 $k{-}1$ 节点两两添加一条边，在最后一个节点再添加一条边，即$(k{-}1)/2{+}1{=}(k{+}1)/2$。$k$ 为偶数时，$k/2{=}(k{+}1)/2$，因此统一为$(k{+}1)/2$。

1. 算法设计

（1）用 Tarjan 算法求解边双连通分量。

（2）缩点。检查节点 u 的每个邻接点 v，若 belong[u]!=belong[v]，则将这个连通分量点 belong[u]的度加 1，degree[belong[u]]++。

（3）若统计度为 1 的节点数为 leaf，则添加的最少边数为(leaf+1)/2。

2. 算法实现

```
void tarjan(int u,int fa){//求边双连通分量
    low[u]=dfn[u]=++num;
    ins[u]=true;
    s.push(u);
    for(int i=head[u];i;i=e[i].next){
        int v=e[i].to;
        if(v==fa) continue;
        if(!dfn[v]){
            tarjan(v,u);
            low[u]=min(low[u],low[v]);
        }
        else if(ins[v])
            low[u]=min(low[u],dfn[v]);
    }
    if(low[u]==dfn[u]){
        int v;
        do{
            v=s.top();
            s.pop();
            belong[v]=id;
            ins[v]=false;
```

```
        }while(v!=u);
        id++;
    }
}
//缩点并统计叶子数，输出答案
for(int u=1;u<=n;u++)
    for(int i=head[u];i;i=e[i].next){
        int v=e[i].to;
        if(belong[u]!=belong[v])
            degree[belong[u]]++;
    }
int leaf=0;
for(int i=1;i<=n;i++){
    if(degree[i]==1)
        leaf++;
}
cout<<(leaf+1)/2<<endl;
```

📝 训练2　校园网络

题目描述（POJ1236）：许多学校都连接了计算机网络，这些学校之间已达成协议：每所学校都有一份学校名单，其中包括分发软件的学校（接收软件的学校）。注意，即使学校 B 出现在学校 A 的分发列表中，学校 A 也不一定出现在学校 B 的分发列表中。编写程序，计算必须接收新软件副本的最少学校数量，以便该软件根据协议到达网络中的所有学校（子任务 1）。另外，需要将新软件副本发送到任意学校，使该软件覆盖网络中的所有学校。为了实现这一目标，可能必须通过新成员扩展接收者列表。请计算必须进行的最小数量的扩展，以便发送新软件到任意学校，它将到达所有其他学校（子任务 2）。一个扩展表示将一个新成员加入一所学校的接收者名单。

输入：第 1 行为 1 个整数 n，表示网络中的学校数量（$2 \leqslant n \leqslant 100$）。学校由前 n 个正整数标识。接下来的 n 行，每行都为接收者列表，第 i+1 行为学校 i 的接收者的标识符。每个列表都以 0 结尾。空列表在行中仅包含 0。

输出：输出两行，第 1 行为子任务 1 的解，第 2 行为子任务 2 的解。

输入样例	输出样例
5	1
2 4 3 0	2
4 5 0	
0	
0	
1 0	

求解过程如下。

（1）求解子任务 1：至少发送给多少个学校，才能让软件到达所有学校呢？实际上，求强连通分量并缩点后，每个入度为 0 的强连通分量都必须接收到一个新软件副本。输入样例 1，构建的图如下图所示，其中包含 3 个强连通分量，缩点后入度为 0 的强连通分量有 1 个，至少发送给 1 个学校即可，即 1、2、5 中的任意一个学校。

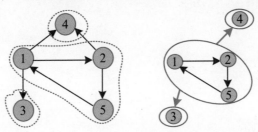

（2）求解子任务 2：至少添加多少个接收关系，才能实现将新软件副本发送给任意一个学校，所有学校都能收到？也就是说，每个强连通分量都必须既有入度，又有出度。对于入度为 0 的强连通分量，至少添加一个入度；对于出度为 0 的强连通分量，至少添加一个出度。添加的边数为 $\max(p,q)$，如下图所示。

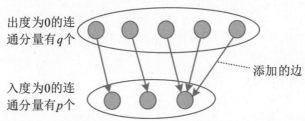

特殊情况：若只有一个强连通分量，则至少发送给 1 个学校，需要添加的边数为 0。

1. 算法设计

（1）用 Tarjan 算法求解强连通分量，标记连通分量号。

（2）检查节点 u 的每个邻接点 v，若连通分量号不同，则节点 u 的连通分量号出度加 1，节点 v 的连通分量号入度加 1。

（3）统计入度为 0 的连通分量数量 p 及出度为 0 的连通分量数量 q，求 $\max(p,q)$。

2. 算法实现

```
void tarjan(int u) {//求解有向图的强连通分量
    low[u]=dfn[u]=++num;
    vis[u]=true;
    s.push(u);
    for(int i=head[u];i;i=e[i].next){
        int v=e[i].to;
```

```
        if(!dfn[v]){
            tarjan(v);
            low[u]=min(low[u],low[v]);
        }
        else if(vis[v])
            low[u]=min(low[u],dfn[v]);
    }
    if(low[u]==dfn[u]){
        int v;
        id++;
        do{
            v=s.top();
            s.pop();
            belong[v]=id;
            vis[v]=false;
        }while(v!=u);
    }
}
//执行 Tarjan 算法，缩点并统计输入和出度，求入度和出度为 0 的节点数
for(int i=1;i<=n;i++)
    if(!dfn[i])
        tarjan(i);
for(int u=1;u<=n;u++)
    for(int i=head[u];i;i=e[i].next){
        int v=e[i].to;
        if(belong[u]!=belong[v]){
            in[belong[v]]++;
            out[belong[u]]++;
        }
    }
if(id==1){//特殊情况判断
    cout<<1<<endl;
    cout<<0<<endl;
    return 0;
}
int ans1=0,ans2=0;
for(int i=1;i<=id;i++){
    if(!in[i])
        ans1++;
    if(!out[i])
        ans2++;
}
cout<<ans1<<endl;
cout<<max(ans1,ans2)<<endl;
```

第 6 章

图论算法

6.1 最小生成树

校园网是为学校师生提供资源共享、信息交流和协同工作的计算机网络。现在需要设计校园网电缆布线，将各个学校连通起来，如何设计才能使布线费用最少呢？可以用无向连通图 $G=(V,E)$ 表示通信网络，其中 V 表示节点集，E 表示边集。把各个学校都抽象为图中的节点，把学校之间的通信网络抽象为节点与节点之间的边，边的权值表示布线费用，简称"边权"。若在两个节点之间没有连线，则代表在这两个学校之间不能布线，费用为无穷大，如下图所示。

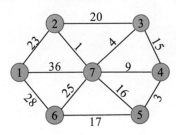

对于有 n 个节点的连通图，只需 $n-1$ 条边就可以使其连通，要想通过 $n-1$ 条边保证图连通，必须不包含回路，所以只需找出 $n-1$ 条权值最小且无回路的边即可。需要说明以下几个概念。

- 子图：由在原图中选中的一些节点和边组成的图。
- 生成子图：由选中的一些边和所有节点组成的图，被称为"原图的生成子图"。
- 生成树：若生成的子图恰好是一棵树，则称之为"生成树"。
- 最小生成树：权值之和最小的生成树。

校园网布线问题属于最小生成树问题，可通过 Prim 算法或 Kruskal 算法解决。

6.1.1 Prim 算法

找出 $n-1$ 条权值最小的边很容易，但是怎么保证无回路呢？若在一个图中通过深度搜索或广度搜索方式判断有没有回路，则工作繁重。这时可以通过集合避圈法解决问题。在生成树的过程中，把已经在生成树中的节点看作一个集合，把剩下的节点看作另一个集合，从连接两个集合的边中选择一条权值最小的边即可。

首先任选一个节点，例如选择节点 1，把它放在集合 U 中，集合 $U=\{1\}$，剩下的节点为 $\{2,3,4,5,6,7\}$，集合 V 是图中所有节点的集合，如下图所示。

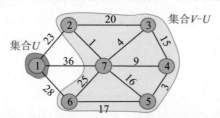

然后只需看看在连接集合 U 和集合 $V-U$ 的边中，哪条边的权值最小，把权值最小的边关联的节点加入集合 U。从上图可以看出，在连接两个集合的 3 条边中，1-2 边权最小，选中这条边，把节点 2 加入集合 U，此时集合 $U=\{1,2\}$，集合 $V-U=\{3,4,5,6,7\}$，如下图所示。

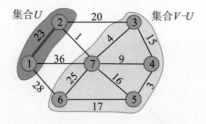

接着从连接集合 U 和集合 $V-U$ 的边中选择一条权值最小的边。从上图可以看出，在连接这两个集合的 4 条边中，2-7 边权最小，选中这条边，把 7 加入集合 U，此时集合 $U=\{1,2,7\}$，集合 $V-U=\{3,4,5,6\}$。如此进行下去，直到集合 $U=$ 集合 V 时结束，由选中的边和所有节点组成的图就是最小生成树。这就是 Prim 算法。

直观地看图，虽然很容易找出连接集合 U 与集合 $V-U$ 的边中哪条边的权值最小，但若在程序中穷举这些边，再找最小值，则时间复杂度太高，该怎么办呢？可以通过设置两个数组巧妙地解决这个问题：closest[j]，表示集合 $V-U$ 中节点 j 到集合 U 的最邻近点；lowcost[j]，表示集合 $V-U$ 中的节点 j 到集合 U 的最邻近点的边权。

例如在上图中，7 到集合 U 的最邻近点是 2，记为 closest[7]=2。7 到最邻近点 2 的边权为 1，记为 lowcost[7]=1，如下图所示。

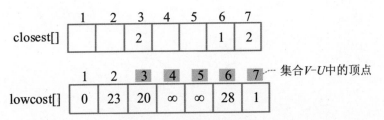

这样，只需在集合 $V-U$ 中找到 lowcost[] 数组中最小的节点即可。

1. 算法步骤

（1）令集合 $U=\{u_0\}$，$u_0\in$ 集合 V，并初始化 closest[]、lowcost[] 和 s[] 数组。

（2）在集合 $V-U$ 中查找 lowcost[] 数组中最小的节点 t，即 lowcost[t]= min{lowcost [j]|$j\in$ 集合 $V-U$}，满足该公式的节点 t 就是集合 $V-U$ 中连接集合 U 的最邻近点。

（3）将节点 t 加入集合 U。

（4）若集合 $V-U$ 为空，则算法结束，否则进行第 5 步。

（5）对集合 $V-U$ 中的所有节点 j 都更新 if(C[t][j]<lowcost[j]){lowcost[j]=C[t][j]; closest[j]=t;}，转向第 2 步。

按照上述步骤，最终可以得到一棵边权之和最小的生成树。

2. 完美图解

图 G（$G=(V,E)$）是一个无向连通带权图，如下图所示。

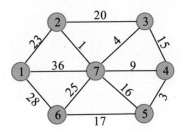

（1）假设 $u_0=1$，令集合 $U=\{1\}$，集合 $V-U=\{2,3,4,5,6,7\}$，TE={}，s[1]=true，初始化 closest[] 数组：除了节点 1，其余节点均为 1，表示集合 $V-U$ 中的节点到集合 U 的最邻近点均为 1。lowcost[] 数组存储节点 1 到集合 $V-U$ 中节点的边权。closest[] 和 lowcost[] 数组如下图所示。

	1	2	3	4	5	6	7
closest[]		1	1	1	1	1	1

	1	2	3	4	5	6	7
lowcost[]	0	23	∞	∞	∞	28	36

初始化后如下图所示。

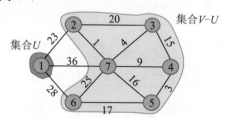

（2）查找 lowcost[]数组中最小的节点。在集合 $V-U=\{2,3,4,5,6,7\}$ 中依照贪心策略查找 lowcost[]数组中最小的节点 t。找到的最小值为 23，对应的节点 $t=2$，如下图所示。

	1	2	3	4	5	6	7
lowcost[]	0	23	∞	∞	∞	28	36

（3）加入集合 U。将节点 t 加入集合 U，集合 $U=\{1,2\}$，同时更新集合 $V-U=\{3,4,5,6,7\}$。

（4）更新。对于节点 t 在集合 $V-U$ 中的每个邻接点 j，都可以借助节点 t 进行更新。2 的邻接点是 3 和 7：

- C[2][3]=20<lowcost[3]=∞，更新最邻近距离 lowcost[3]=20，最邻近点 closest[3]=2；
- C[2][7]=1<lowcost[7]=36，更新最邻近距离 lowcost[7]=1，最邻近点 closest[7]=2。

更新后的 closest[]和 lowcost[]数组如下图所示。

	1	2	3	4	5	6	7
closest[]		1	2	1	1	1	2

	1	2	3	4	5	6	7
lowcost[]	0	23	20	∞	∞	28	1

更新后的集合如下图所示。

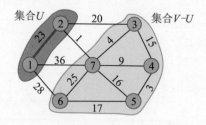

closest[j]和 lowcost[j]分别表示集合 $V-U$ 中节点 j 到集合 U 的最邻近点和最邻近距离。3 到集合 U 的最邻近点为 2，最邻近距离为 20；4、5 到集合 U 的最邻近点仍

为初始化状态 1，最邻近距离为∞；6 到集合 U 的最邻近点为 1，最邻近距离为 28；7 到集合 U 的最邻近点为 2，最邻近距离为 1。

（5）查找 lowcost[]数组中最小的节点。在集合 V−U={3,4,5,6,7}中依照贪心策略查找 lowcost[]数组中最小的节点 t，找到的最小值为 1，对应的节点 t=7，如下图所示。

	1	2	3	4	5	6	7
lowcost[]	0	23	20	∞	∞	28	1

（6）加入集合 U。将节点 t 加入集合 U，集合 U={1,2,7}，同时更新集合 V−U={3,4,5,6}。

（7）更新。对于节点 t 在集合 V−U 中的每一个邻接点 j，都可以借节点 t 进行更新。7 在集合 V−U 中的邻接点是 3、4、5、6：

- C[7][3]=4<lowcost[3]=20，更新最邻近距离 lowcost[3]=4，最邻近点 closest[3]=7；
- C[7][4]=9<lowcost[4]=∞，更新最邻近距离 lowcost[4]=9，最邻近点 closest[4]=7；
- C[7][5]=16<lowcost[5]=∞，更新最邻近距离 lowcost[5]=16，最邻近点 closest[5]=7；
- C[7][6]=25<lowcost[6]=28，更新最邻近距离 lowcost[6]=25，最邻近点 closest[6]=7。

更新后的 closest[]和 lowcost[]数组如下图所示。

	1	2	3	4	5	6	7
closest[]		1	7	7	7	7	2
lowcost[]	0	23	4	9	16	25	1

更新后的集合如下图所示。

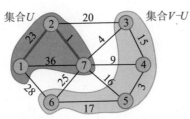

3 到集合 U 的最邻近点为 7，最邻近距离为 4；4 到集合 U 的最邻近点为 7，最邻近距离为 9；5 到集合 U 的最邻近点为 7，最邻近距离为 16；6 到集合 U 的最邻近点为 7，最邻近距离为 25。

（8）查找 lowcost[]数组中最小的节点。在集合 V−U={3,4,5,6}中依照贪心策略查找 lowcost[]数组中最小的节点 t，找到的最小值为 4，对应的节点 $t=3$，如下图所示。

	1	2	3	4	5	6	7
lowcost[]	0	23	4	9	16	25	1

（9）加入集合 U。将节点 t 加入集合 U，此时集合 $U=\{1,2,3,7\}$，同时更新集合 $V-U=\{4,5,6\}$。

（10）更新。对于节点 t 在集合 $V-U$ 中的每一个邻接点 j，都可以借助节点 t 进行更新。节点 3 在集合 $V-U$ 中的邻接点是节点 4：C[3][4]=15>lowcost[4]=9，不更新；closest[]和 lowcost[]数组不变。

更新后的集合如下图所示。

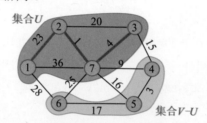

4 到集合 U 的最邻近点为 7，最邻近距离为 9；5 到集合 U 的最邻近点为 7，最邻近距离为 16；6 到集合 U 的最邻近点为 7，最邻近距离为 25。

（11）查找 lowcost[]数组中最小的节点。在集合 $V-U=\{4,5,6\}$中依照贪心策略查找 lowcost[]数组中最小的节点 t，找到的最小值为 9，对应的节点 $t=4$，如下图所示。

	1	2	3	4	5	6	7
lowcost[]	0	23	4	9	16	25	1

（12）加入集合 U。将节点 t 加入集合 U，集合 $U=\{1,2,3,4,7\}$，同时更新集合 $V-U=\{5,6\}$。

（13）更新。对于节点 t 在集合 $V-U$ 中的每一个邻接点 j，都可以借助节点 t 进行更新。4 在集合 $V-U$ 中的邻接点是 5：C[4][5]=3<lowcost[5]=16，更新最邻近距离 lowcost[5]=3，最邻近点 closest[5]=4；更新后的 closest[]和 lowcost[]数组如下图所示。

	1	2	3	4	5	6	7
closest[]		1	7	7	4	7	2

	1	2	3	4	5	6	7
lowcost[]	0	23	4	9	3	25	1

更新后的集合如下图所示。

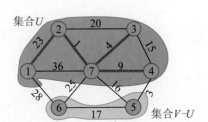

集合 U

集合 $V-U$

5 到集合 U 的最邻近点为 4，最邻近距离为 3；6 到集合 U 的最邻近点为 7，最邻近距离为 25。

（14）查找 lowcost[] 数组中最小的节点。在集合 $V-U=\{5,6\}$ 中依照贪心策略查找 lowcost[] 数组中最小的节点 t，找到的最小值为 3，对应的节点 $t=5$，如下图所示。

	1	2	3	4	**5**	**6**	7
lowcost[]	0	23	4	9	3	25	1

（15）加入集合 U。将节点 t 加入集合 U，此时集合 $U=\{1,2,3,4,5,7\}$，同时更新集合 $V-U=\{6\}$。

（16）更新。对于节点 t 在集合 $V-U$ 中的每一个邻接点 j，都可以借助节点 t 进行更新。5 在集合 $V-U$ 中的邻接点是 6：C[5][6]=17<lowcost[6]=25，更新最邻近距离 lowcost[6]=17，最邻近点 closest[6]=5；更新后的 closest[] 和 lowcost[] 数组如下图所示。

	1	2	3	4	5	6	7
closest[]		1	7	7	4	5	2

	1	2	3	4	5	6	7
lowcost[]	0	23	4	9	3	**17**	1

更新后的集合如下图所示。

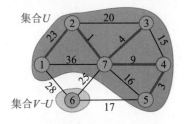

集合 U

集合 $V-U$

6 到集合 U 的最邻近点为 5，最邻近距离为 17。

（17）查找 lowcost[] 数组中最小的节点。在集合 $V-U=\{6\}$ 中依照贪心策略查找 lowcost[] 数组中最小的节点 t，找到的最小值为 17，对应的节点 $t=6$。

	1	2	3	4	5	**6**	7
lowcost[]	0	23	4	9	3	**17**	1

（18）加入集合 U。将节点 t 加入集合 U，此时集合 $U=\{1,2,3,4,5,6,7\}$，同时更新集合 $V-U=\{\}$。

（19）更新。对于节点 t 在集合 $V-U$ 中的每一个邻接点 j，都可以借节点 t 进行更新。6 在集合 $V-U$ 中无邻接点，因为集合 $V-U=\{\}$。最终的 closest[] 和 lowcost[] 数组如下图所示。

	1	2	3	4	5	6	7
closest[]		1	7	7	4	5	2

	1	2	3	4	5	6	7
lowcost[]	0	23	4	9	3	17	1

（20）得到的最小生成树如下图所示。最小生成树的权值之和为 57，即把 lowcost[] 数组中的值都加起来。

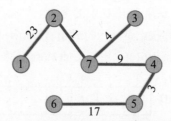

3. 算法实现

```
void Prim(int n){
    s[1]=true; //初始时，在集合 U 中只有一个元素，即 1
    for(int i=1;i<=n;i++){//①初始化
        if(i!=1){
            lowcost[i]=c[1][i];
            closest[i]=1;
            s[i]=false;
        }
        else
            lowcost[i]=0;
    }
    for(int i=1;i<n;i++){ //②在集合 V-U 中查找距离集合 U 最近的节点 t
        int temp=INF;
        int t=1;
        for(int j=1;j<=n;j++){//③在集合 V-U 中查找距离集合 U 最近的节点 t
            if((!s[j])&&(lowcost[j]<temp)){
                t=j;
```

```
            temp=lowcost[j];
        }
    }
    if(t==1)
        break;//找不到节点 t，跳出循环
    s[t]=true;//否则将节点 t 加入集合 U
    for(int j=1;j<=n;j++){ //④更新 lowcost[]和 closest[]数组
        if((!s[j])&&(c[t][j]<lowcost[j])){
            lowcost[j]=c[t][j];
            closest[j]=t;
        }
    }
}
}
```

4. 算法分析

时间复杂度：在 Prim 算法中共有 4 个 for 语句，for 语句①的执行次数为 n；在 for 语句②里面嵌套了两个 for 语句③、④，它们的执行次数均为 n^2，时间复杂度为 $O(n^2)$。

空间复杂度：算法所需的辅助空间包含 lowcost[]、closest[]和 s[]数组，空间复杂度为 $O(n)$。

6.1.2　Kruskal 算法

构造最小生成树还有一种算法，即 Kruskal 算法。Kruskal 算法将这 n 个节点看成 n 个孤立的连通分支。它首先将所有边都按权值从小到大排序，然后依照贪心策略选择 $n-1$ 边。贪心策略：在边集 E 中选择权值最小的边 (i,j)，若将边 (i,j) 加入集合 TE 不形成回路（圈），则将边 (i,j) 加入边集 TE，即用边 (i,j) 将这两个连通分支合并，连接成一个连通分支；否则继续选择下一条最短边。把边 (i,j) 从边集 E 中删除，继续依照贪心策略进行操作，直到 T 中的所有节点都在同一连通分支上时为止。此时选择的 $n-1$ 条边恰好构成图 G 的一棵最小生成树 T。

那么，怎样判断加入某条边后，T 会不会形成回路呢？Kruskal 算法用了一种非常聪明的方法——集合避圈法：若所选择的边的起点和终点都在 T 的集合中，就断定会形成回路（圈），即边的两个节点不能属于同一集合。

1. 算法步骤

（1）初始化。将所有边都按权值从小到大排序，将每个节点的集合号都初始化为自身。

（2）按排序后的顺序选择权值最小的边 (u,v)。

（3）若节点 u 和节点 v 属于两个不同的连通分支，则选择边(u,v)，并将两个连通分支合并。

（4）若选取的边数小于 $n-1$，则转向第 2 步，否则算法结束。

2. 完美图解

设图 G（$G=(V,E)$）是无向连通带权图，如下图所示。

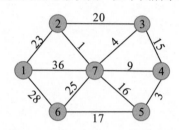

（1）初始化。将所有边都按权值从小到大排序，如下图所示。将每个节点都初始化为一个孤立的分支，即一个节点对应一个集合，集合号为该节点的序号。

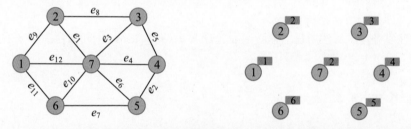

（2）找最小。在边集 E 中查找权值最小的边 $e_1(2,7)$，边权为 1。

（3）合并。节点 2 和节点 7 的集合号不同，属于两个不同的连通分支，将边$(2,7)$加入边集 TE，进行合并操作，将两个连通分支的所有节点都合并为一个集合；假设把小的集合号赋值给大的集合号，以下均做此处理，则将节点 7 的集合号也改为 2。

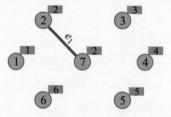

（4）找最小。在边集 E 中查找权值最小的边 $e_2(4,5)$，边权为 3。

（5）合并。节点 4 和节点 5 的集合号不同，属于两个不同的连通分支，将边$(4,5)$加入边集 TE，进行合并操作，将两个连通分支的所有节点都合并为一个集合，将节点 5 的集合号也改为 4。

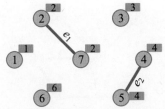

（6）找最小。在边集 E 中查找权值最小的边 $e_3(3,7)$，边权为 4。

（7）合并。节点 3 和节点 7 的集合号不同，属于两个不同的连通分支，将边 (3,7) 加入边集 TE，进行合并操作，将两个连通分支的所有节点都合并为一个集合，将节点 3 的集合号也改为 2。

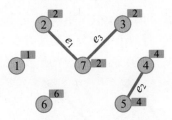

（8）找最小。在边集 E 中查找权值最小的边 $e_4(4,7)$，边权为 9。

（9）合并。节点 4 和节点 7 的集合号不同，属于两个不同的连通分支，将边 (4,7) 加入边集 TE，进行合并操作，将两个连通分支的所有节点都合并为一个集合，将节点 4、节点 5 的集合号都改为 2。

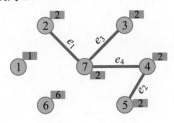

（10）找最小。在边集 E 中查找权值最小的边 $e_5(3,4)$，边权为 15。

（11）合并。节点 3 和节点 4 的集合号相同，属于同一连通分支，不能选择（会形成回路）。

（12）找最小。在边集 E 中查找权值最小的边 $e_6(5,7)$，边权为 16。

（13）合并。节点 5 和节点 7 的集合号相同，属于同一连通分支，不能选择（会形成回路）。

（14）找最小。在边集 E 中查找权值最小的边 $e_7(5,6)$，边权为 17。

（15）合并。节点 5 和节点 6 的集合号不同，属于两个不同的连通分支，将边 (5,6) 加入边集 TE，进行合并操作，将两个连通分支的所有节点都合并为一个集合，将节点 6 的集合号改为 2。

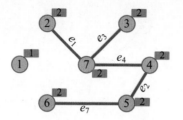

（16）找最小。在边集 E 中查找权值最小的边 $e_8(2,3)$，边权为 20。

（17）合并。节点 2 和节点 3 的集合号相同，属于同一连通分支，不能选择（会形成回路）。

（18）找最小。在边集 E 中查找权值最小的边 $e_9(1,2)$，边权为 23。

（19）合并。节点 1 和节点 2 的集合号不同，属于两个不同的连通分支，将边(1,2)加入边集 TE，进行合并操作，将两个连通分支的所有节点都合并为一个集合，将节点 2、节点 3、节点 4、节点 5、节点 6、节点 7 的集合号都改为 1。

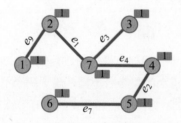

（20）由选择的边和所有节点组成的就是最小生成树，各边权之和就是最小生成树的权值之和。

3. 算法代码

```
struct Edge{//边集数组
    int u,v,w;
}e[N*N];

bool cmp(Edge x, Edge y) {//排序优先级，边权从小到大
    return x.w<y.w;
}

void Init(int n){//初始化集合号为自身
    for(int i=1;i<=n;i++)
        fa[i]=i;
}

int Merge(int a,int b){//合并
    int p=fa[a];
    int q=fa[b];
    if(p==q) return 0;
```

```
   for(int i=1;i<=n;i++){//检查所有节点,把集合号是 q 的都改为 p
       if(fa[i]==q)
           fa[i]=p;//将 a 的集合号赋值给 b
   }
   return 1;
}

int Kruskal(int n){//求最小生成树
   int ans=0;
   sort(e,e+m,cmp);
   for(int i=0;i<m;i++)
       if(Merge(e[i].u,e[i].v)){
           ans+=e[i].w;
           n--;
           if(n==1)//共执行 n-1 次合并, 在 n=1 时算法结束
               return ans;
       }
   return 0;
}
```

4. 算法分析

时间复杂度：Kruskal 算法需要对边权进行排序，若用快速排序算法，则算法的时间复杂度为 $O(m\log m)$。而合并集合需要 $n-1$ 次合并，每次合并的时间复杂度都为 $O(n)$，合并集合的时间复杂度为 $O(n^2)$。总时间复杂度为 $O(m\log m)$。若用并查集优化合并操作，则每次合并的时间复杂度都为 $O(\log n)$，合并集合的时间复杂度为 $O(n\log n)$。

```
int Find(int x){//找祖先
   if(x!=fa[x])
       fa[x]=Find(fa[x]);
   return fa[x];
}

bool Merge(int a,int b){//合并（并查集）
   int p=Find(a);
   int q=Find(b);
   if(p==q) return 0;
   fa[q]=p;
   return 1;
}
```

空间复杂度：辅助空间包含一些变量和集合号数组 fa[]，空间复杂度为 $O(n)$。

📝 训练 1　丛林之路

题目描述（**POJ1251**）：丛林道路的维护费用太高，理事会必须选择停止维护一

些道路。已知所有道路的分布情况及每月的维护费用，要求每月用最少的费用维护一些道路，保证所有村庄都是连通的。求解最省钱的道路维护方案。

输入：输入 1～100 个数据集，最后一行只包含 0。每个数据集的第 1 行都为数字 n（$1<n<27$），表示村庄数量，用字母表的前 n 个大写字母标记村庄。每个数据集都有 $n-1$ 行描述，这些行的村庄标签按字典序排序。最后一个村庄没有道路。村庄的每条道路都以村庄标签开头，后面跟着一个从这个村庄到后面村庄的道路数量 k。若 $k>0$，则该行后面包含 k 条道路的数据。每条道路的数据都是道路另一端的村庄标签，后面是道路的每月维护费用。维护费用是小于 100 的正整数，道路数量不会超过 75 条，每个村庄通往其他村庄的道路都不超过 15 条。

输出：对于每个数据集，都单行输出每月维护连接所有村庄的道路的最低费用。

输入样例	输出样例
9	216
A 2 B 12 I 25	30
B 3 C 10 H 40 I 8	
C 2 D 18 G 55	
D 1 E 44	
E 2 F 60 G 38	
F 0	
G 1 H 35	
H 1 I 35	
3	
A 2 B 10 C 40	
B 1 C 20	
0	

题解：这是非常简单的最小生成树问题，只需计算最小生成树的权值之和即可。用 Prim 或 Kruskal 算法均可求解。

⚠ **注意** 在数据的输入格式方面，"A 2 B 12 I 25" 表示 A 关联两条边，包括 A-B 的边（边权为 12）及 A-I 的边（边权为 25）。

算法代码：

```
int prim(int s){
    for(int i=0;i<n;i++)
        dis[i]=m[s][i];
    memset(vis,false,sizeof(vis));
    vis[s]=1;
    int sum=0;
    int t;
    for(int i=1;i<n;i++){
        int min=0x3f3f3f3f;
```

```
    for(int j=0;j<n;j++){//找最小
        if(!vis[j]&&dis[j]<min){
            min=dis[j];
            t=j;
        }
    }
    sum+=min;
    vis[t]=1;
    for(int j=0;j<n;j++){//更新
        if(!vis[j]&&dis[j]>m[t][j])
            dis[j]=m[t][j];
    }
    }
    return sum;
}
```

训练 2　联网

题目描述（POJ1287）：已知该区域中的一组点，以及两点之间每条路线所需的电缆长度。在两点之间可能存在许多路线。假设给定的可能路线（直接或间接）连接该区域中的每两个点，请设计网络，使每两个点之间都存在连接（直接或间接），并且使用的电缆总长度最短。

输入：输入多个数据集，每个数据集都描述一个网络。数据集的第 1 行为两个整数：第 1 个整数表示节点数 P（$P \leqslant 50$），节点编号为 1～P；第 2 个整数表示节点之间的路线数量 R。以下 R 行为节点之间的路线，每条路线都包括 3 个整数：前两个整数为节点编号，第 3 个整数为路线长度 L（$L \leqslant 100$）。数据集之间以空行分隔，输入仅有一个数字 0 的数据集时表示输入结束。

输出：对于每个数据集，都单行输出所设计网络的电缆的最短总长度。

输入样例	输出样例
1 0	0
	17
2 3	16
1 2 37	26
2 1 17	
1 2 68	
3 7	
1 2 19	
2 3 11	
3 1 7	
1 3 5	
2 3 89	

```
3 1 91
1 2 32

5 7
1 2 5
2 3 7
2 4 8
4 5 11
3 5 10
1 5 6
4 2 12

0
```

题解：本题是简单的最小生成树问题，可以用 Prim 或 Kruskal 算法求解。在此用 Kruskal 算法求解。

1. 算法设计

（1）初始化。将所有边都按权值从小到大排序，将每个节点的集合号都初始化为自身。

（2）按排好的顺序选择权值最小的边(*u*,*v*)。

（3）若节点 *u* 和节点 *v* 属于两个不同的连通分支，则用并查集对两个连通分支进行合并，累加边(*u*,*v*)的权值。

（4）若选取的边数小于 *n*−1，则转向第 2 步；否则算法结束，返回边权之和。

2. 算法实现

```cpp
int find(int x){//用并查集找祖先
    return fa[x]==x?x:fa[x]=find(fa[x]);
}

bool merge(int a,int b){//集合合并
    int x=find(a);
    int y=find(b);
    if(x==y) return 0;
    fa[y]=x;
    return 1;
}

int kruskal(){
    int sum=0;
    sort(edge,edge+m,cmp);
    for(int i=0;i<m;i++){
        if(merge(edge[i].u,edge[i].v)){
            sum+=edge[i].cost;
```

```
        if(--n==1)
            return sum;
    }
 }
 return 0;
}
```

6.2　最短路径

在现实生活中，很多问题都可用图来解决。本节介绍图的经典应用——最短路径算法，包括 Dijkstra 算法、Floyd 算法、Bellman-Ford 算法和 SPFA 算法。

6.2.1　Dijkstra 算法

给定有向带权图 $G=(V, E)$，其中每条边的权值都是非负实数。此外，给定集合 V 中的一个节点，称之为"源点"。求解从源点到其他各个节点的最短路径长度，路径长度指路径上各边的权值之和。如何求从源点到其他各个节点的最短路径长度呢？

Dijkstra 算法是用于解决单源最短路径问题的贪心算法，它首先求出长度最短的一条路径，再参照该最短路径求出长度次短的一条路径，直到求出从源点到其他各个节点的最短路径。

Dijkstra 算法的基本思想：假设有源点 u，节点集合 V 被划分为两部分，即集合 S 和集合 $V-S$。初始时，在集合 S 中仅包含源点 u，集合 S 中从节点到源点的最短路径已确定，集合 $V-S$ 中从节点到源点的最短路径待定。从源点出发只经过集合 S 中的节点到达集合 $V-S$ 中的节点的路径被称为"特殊路径"，用 dist[] 数组记录从源点到每个节点的最短特殊路径长度。

Dijkstra 算法采用的贪心策略是选择最短的特殊路径，将其连接的集合 $V-S$ 中的节点加入集合 S，同时更新 dist[] 数组。一旦集合 S 包含所有节点，dist[] 数组记录的就是从源点到所有其他节点的最短路径长度。

1．算法步骤

（1）数据结构。用邻接矩阵 $G[][]$ 存储地图，用一维数组 dist[i] 记录从源点到节点 i 的最短路径长度，用一维数组 p[i] 记录最短路径上节点 i 的前驱。

（2）初始化。令集合 $S=\{u\}$，对于集合 $V-S$ 中的所有节点 i，都初始化 dist[i]=$G[u][i]$，若从源点 u 到节点 i 有边相连，则初始化 p[i]=u，否则 p[i]=-1。

（3）找最小。在集合 $V-S$ 中查找 dist[] 数组中最小的节点 t，节点 t 是集合 $V-S$ 中距离源点 u 最近的节点。

（4）加入集合 S。将节点 t 加入集合 S，同时更新集合 $V-S$。

（5）判结束。若集合 $V–S$ 为空，则算法结束，否则转向第 6 步。

（6）借东风。在第 3 步中已经找到了从源点到节点 t 的最短路径，对于集合 $V–S$ 中节点 t 的所有邻接点 j，都可以借助节点 t 走捷径。若 dist[j]>dist[t]+G[t][j]，则 dist[j]=dist[t]+G[t][j]，记录节点 j 的前驱为节点 t，有 p[j]=t，转向第 3 步。

由此可以求得从源点 u 到图 G 中其他各个节点的最短路径及其长度，也可以通过 p[]数组逆向找到最短路径上的节点。

2. 完美图解

有一个景点地图，如下图所示，求从节点 1 出发到其他各个节点的最短路径。

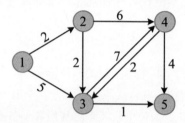

（1）数据结构。用邻接矩阵存储地图，若从节点 i 到节点 j 有边，则 G[i][j]等于 <i,j>的权值，否则 G[i][j]=∞（无穷大）。

$$\begin{bmatrix} \infty & 2 & 5 & \infty & \infty \\ \infty & \infty & 2 & 6 & \infty \\ \infty & \infty & \infty & 7 & 1 \\ \infty & \infty & 2 & \infty & 4 \\ \infty & \infty & \infty & \infty & \infty \end{bmatrix}$$

（2）初始化。令集合 S={1}，集合 $V–S$={2,3,4,5}，对于集合 $V–S$ 中的所有节点 x，都初始化最短距离数组 dist[i]=G[1][i]，dist[u]=0。若从源点 1 到节点 i 有边相连，则初始化前驱数组 p[i]=1，否则 p[i]=−1。

	1	2	3	4	5
dist[]	0	2	5	∞	∞

	1	2	3	4	5
p[]	−1	1	1	−1	−1

（3）找最小。在集合 $V–S$={2,3,4,5}中找到 dist[]数组的最小值 2，对应的节点 t=2。

	1	2	3	4	5
dist[]	0	2	5	∞	∞

（4）加入集合 S。将节点 2 加入集合 S={1,2}，更新集合 $V–S$={3,4,5}。

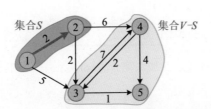

（5）借东风。刚刚已经找到了从源点到节点 $t=2$ 的最短路径，对于集合 $V-S$ 中节点 t 的所有邻接点 j，都可以借助节点 t 走捷径。节点 2 的邻接点是节点 3 和节点 4。首先看节点 3 能否借助节点 2 走捷径：dist[2]+G[2][3]=2+2=4，而当前 dist[3]=5>4，因此可以走捷径，即 2-3。更新 dist[3]=4，记录节点 3 的前驱为节点 2，即 p[3]=2。再看节点 4 能否借助节点 2 走捷径：dist[2]+G[2][4]=2+6=8，而当前 dist[4]=∞>8，因此可以走捷径，即 2-4，更新 dist[4]=8，记录节点 4 的前驱为节点 2，即 p[4]=2。

	1	2	3	4	5
dist[]	0	2	4	8	∞

	1	2	3	4	5
p[]	−1	1	2	2	−1

（6）找最小。在集合 $V-S$={3,4,5}中找到 dist[]数组的最小值 4，对应的节点 $t=3$。

	1	2	3	4	5
dist[]	0	2	4	8	∞

（7）加入集合 S。将节点 3 加入集合 S={1,2,3}，更新集合 $V-S$={4,5}。

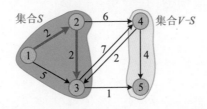

（8）借东风。刚刚已经找到了从源点到节点 $t=3$ 的最短路径，对于集合 $V-S$ 中节点 t 的所有邻接点 j，都可以借助节点 t 走捷径。节点 3 的邻接点是节点 4 和节点 5。首先看节点 4 能否借助节点 3 走捷径：dist[3]+G[3][4]=4+7=11，而当前 dist[4]=8<11，比当前路径还长，不更新。再看节点 5 能否借助节点 3 走捷径：dist[3]+G[3][5]= 4+1=5，而当前 dist[5]=∞>5，可以走捷径，即 3-5，更新 dist[5]=5，记录节点 5 的前驱为节点 3，即 p[5]=3。

	1	2	3	4	5
dist[]	0	2	4	8	5

	1	2	3	4	5
p[]	−1	1	2	2	3

（9）找最小。在集合 $V-S$={4,5}中找到 dist[]数组的最小值 5，对应的节点 $t=5$。

（10）加入集合 S。将节点 5 加入集合 $S=\{1,2,3,5\}$，更新集合 $V-S=\{4\}$。

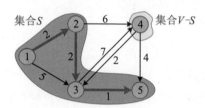

（11）借东风。刚刚已经找到了从源点到节点 $t=5$ 的最短路径，对于集合 $V-S$ 中节点 t 的所有邻接点 j，都可以借助节点 t 走捷径。节点 5 没有邻接点，不更新。

（12）找最小。在集合 $V-S=\{4\}$ 中找到 dist[]数组的最小值 8，对应的节点 $t=4$。

	1	2	3	4	5
dist[]	0	2	4	8	5

（13）加入集合 S。将节点 4 加入集合 $S=\{1,2,3,5,4\}$，集合 $V-S=\{\}$，算法结束。

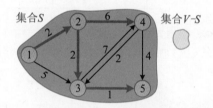

3. 算法实现

```
void dijkstra(int u){
    for(int i=1;i<=n;i++){ //①初始化
        dist[i]=G[u][i]; //初始化从源点u到其他各个节点的最短路径长度
        flag[i]=false;
        if(dist[i]==INF)
            p[i]=-1; //从源点u到该节点的路径长度为无穷大，说明源点u与节点i不相邻
        else
            p[i]=u; //说明节点i与源点u相邻，设置节点i的前驱为源点u
    }
    dist[u]=0;
    flag[u]=true; //初始时，在集合S中只有源点u
    for(int i=1;i<n;i++){②循环n-1次
        int temp=INF,t=u;
        for(int j=1;j<=n;j++){ //③在集合V-S中查找距离源点u最近的节点t
            if(!flag[j]&&dist[j]<temp){
                t=j;
                temp=dist[j];
```

```
        }
    }
    if(t==u) return; //找不到节点 t，跳出循环
    flag[t]=true;  //否则将节点 t 加入集合 S
    for(int j=1;j<=n;j++){ //④更新节点 t 的邻接点 j 的最短路径长度，进行松弛操作
        if(!flag[j]&&dist[j]>dist[t]+G[t][j]){
            dist[j]=dist[t]+G[t][j];
            p[j]=t;
        }
    }
    }
}
```

想一想：可以通过前驱数组 p[]逆向找到最短路径上的节点，如下图所示。

	1	2	3	4	5
p[]	−1	1	2	2	3

例如，p[5]=3，即节点 5 的前驱是节点 3；p[3]=2，即节点 3 的前驱是节点 2；p[2]=1，即节点 2 的前驱是节点 1；p[1]=−1，节点 1 没有前驱，则从源点 1 到节点 5 的最短路径为 1-2-3-5。

```
void findp(int u){//输出从源点到节点 u 的最短路径（递归）
    if(u==-1)
        return;
    findp(p[u]);
    cout<<u<<"\t";
}
```

4．算法分析

时间复杂度：在 Dijkstra 算法中共有 4 个 for 语句，第 1 个 for 语句的执行次数为 n；在第 2 个 for 语句里面嵌套了两个 for 语句。这两个 for 语句的执行次数为 n^2，算法的时间复杂度为 $O(n^2)$。

空间复杂度：辅助空间包含 flag[]数组及 i、j、t 和 temp 等变量，空间复杂度为 $O(n)$。

5．算法优化

（1）优先队列优化。第 3 个 for 语句是在集合 V-S 中查找距离源点 u 最近的节点 t，若用穷举算法来查找，则需要 $O(n)$ 时间，进行 n 次查找的总时间复杂度为 $O(n^2)$。若用优先队列求解，则查找一个最邻近点需要 $O(\log n)$ 时间，进行 n 次查找的总时间复杂度为 $O(n\log n)$。

（2）数据结构优化。第 4 个 for 语句进行了松弛操作，若用邻接矩阵存储图，则

访问一个节点的所有邻接点需要执行 n 次，总时间复杂度为 $O(n^2)$。若用邻接表存储图，则访问一个节点的所有邻接点的执行次数为该节点的出度，所有节点的出度之和为 m（边数），总时间复杂度为 $O(m)$。对于稀疏图，$O(m)$ 要比 $O(n^2)$ 小。

6.2.2　Floyd 算法

Dijkstra 算法用于求解从源点到其他各个节点的最短路径。若求解任意两个节点之间的最短路径，则需要以每个节点为源点，重复调用 n 次 Dijkstra 算法。其实完全没必要这么麻烦，Floyd 算法可用于求解任意两个节点之间的最短路径。Floyd 算法又被称为"插点法"，其算法核心是在节点 i 与节点 j 之间插入节点 k，看看能否缩短节点 i 与节点 j 之间的距离（松弛操作）。

1. 算法步骤

（1）数据结构。用邻接矩阵 $G[][]$ 存储地图；用两个辅助数组存储其他信息：①最短距离数组 dist[i][j]，记录从节点 i 到节点 j 的最短路径长度；②前驱数组 p[i][j]，记录从节点 i 到节点 j 的最短路径上节点 j 的前驱。

（2）初始化。初始化 dist[i][j]=$G[i][j]$，若从节点 i 到节点 j 有边相连，则初始化 p[i][j]=i，否则 p[i][j]=−1。

（3）插点。在节点 i 与节点 j 之间插入节点 k，看看能否缩短节点 i 与节点 j 之间的距离（松弛操作）。若 dist[i][j]>dist[i][k]+dist[k][j]，则 dist[i][j]=dist[i][k]+dist[k][j]，记录节点 j 的前驱 p[i][j]=p[k][j]。

2. 完美图解

有一个景点地图，如下图所示，求从节点 0 出发到其他各个节点的最短路径。

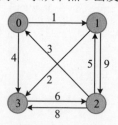

（1）数据结构。用邻接矩阵存储地图，若从节点 i 到节点 j 有边，则 $G[i][j]$=<i,j>的权值；当 $i=j$ 时，$G[i][i]$=0，否则 $G[i][j]$=∞。

$$\begin{bmatrix} 0 & 1 & \infty & 4 \\ \infty & 0 & 9 & 2 \\ 3 & 5 & 0 & 8 \\ \infty & \infty & 6 & 0 \end{bmatrix}$$

（2）初始化。初始化最短距离数组 dist[i][j]=**G**[i][j]，若从节点 i 到节点 j 有边相连，则初始化 p[i][j]=i，否则 p[i][j]=−1。初始化后的 dist[][]和 p[][]数组如下图所示。

$$\text{dist}[i][j] = \begin{bmatrix} 0 & 1 & \infty & 4 \\ \infty & 0 & 9 & 2 \\ 3 & 5 & 0 & 8 \\ \infty & \infty & 6 & 0 \end{bmatrix} \qquad \text{p}[i][j] = \begin{bmatrix} -1 & 0 & -1 & 0 \\ -1 & -1 & 1 & 1 \\ 2 & 2 & -1 & 2 \\ -1 & -1 & 3 & -1 \end{bmatrix}$$

（3）插点（k=0）。其实就是"借点、借东风"，考查所有节点能否都借助节点 0 更新最短距离。若 dist[i][j]>dist[i][0]+dist[0][j]，则 dist[i][j]=dist[i][0]+dist[0][j]，记录节点 j 的前驱为 p[i][j]=p[0][j]。谁可以借助节点 0 呢？节点 0 的入边是 2-0，也就是说节点 2 可以借助节点 0 更新其到其他节点的最短距离（在程序中需要穷举所有节点能否借助节点 0 更新最短距离）。

- dist[2][1]：dist[2][1]=5>dist[2][0]+dist[0][1]=4，更新 dist[2][1]=4，p[2][1]=0。
  在节点 2 与节点 1 之间插入节点 0。
- dist[2][3]：dist[2][3]=8>dist[2][0]+dist[0][3]=7，更新 dist[2][3]=7，p[2][3]=0。
  在节点 2 与节点 3 之间插入节点 0。

以上两个最短距离的更新过程如下图所示。

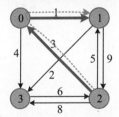 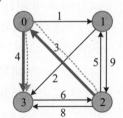

更新后的最短距离数组和前驱数组如下图所示。

$$\text{dist}[i][j] = \begin{bmatrix} 0 & 1 & \infty & 4 \\ \infty & 0 & 9 & 2 \\ 3 & 4 & 0 & 7 \\ \infty & \infty & 6 & 0 \end{bmatrix} \qquad \text{p}[i][j] = \begin{bmatrix} -1 & 0 & -1 & 0 \\ -1 & -1 & 1 & 1 \\ 2 & 0 & -1 & 0 \\ -1 & -1 & 3 & -1 \end{bmatrix}$$

（4）插点（k=1）。考查所有节点能否都借助节点 1 更新最短距离。看节点 1 的入边，节点 0 和节点 2 都可以借助节点 1 更新其到其他节点的最短距离。

- dist[0][2]：dist[0][2]=∞>dist[0][1]+dist[1][2]=10，更新 dist[0][2]=10，p[0][2]=1。
  在节点 0 与节点 2 之间插入节点 1。
- dist[0][3]：dist[0][3]=4>dist[0][1]+dist[1][3]=3，更新 dist[0][3]=3，p[0][3]=1。
  在节点 0 与节点 3 之间插入节点 1。
- dist[2][0]：dist[2][0]=3<dist[2][1]+dist[1][0]=∞，不更新。

- dist[2][3]：dist[2][3]=8>dist[2][1]+dist[1][3]=6，更新 dist[2][3]=6，p[2][3]=1。
  在节点 2 与节点 3 之间插入节点 1。

以上 3 个最短距离的更新过程如下图所示。

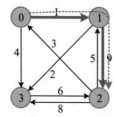 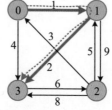 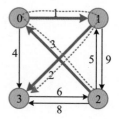

更新后的最短距离数组和前驱数组如下图所示。

$$
\text{dist}[i][j] = \begin{bmatrix} 0 & 1 & 10 & 3 \\ \infty & 0 & 9 & 2 \\ 3 & 4 & 0 & 6 \\ \infty & \infty & 6 & 0 \end{bmatrix} \qquad p[i][j] = \begin{bmatrix} -1 & 0 & 1 & 1 \\ -1 & -1 & 1 & 1 \\ 2 & 0 & -1 & 1 \\ -1 & -1 & 3 & -1 \end{bmatrix}
$$

（5）插点（k=2）。考查所有节点能否都借助节点 2 更新最短距离。看节点 2 的入边，节点 1 和节点 3 都可以借助节点 2 更新其到其他节点的最短距离。

- dist[1][0]：dist[1][0]=∞>dist[1][2]+dist[2][0]=12，更新 dist[1][0]=12，p[1][0]=2。
  在节点 1 与节点 0 之间插入节点 2。
- dist[1][3]：dist[1][3]=2<dist[1][2]+dist[2][3]=15，不更新。
- dist[3][0]：dist[3][0]=∞>dist[3][2]+dist[2][0]=9，更新 dist[3][0]=9，p[3][0]=2。
  在节点 3 与节点 0 之间插入节点 2。
- dist[3][1]：dist[3][1]=∞>dist[3][2]+dist[2][1]=10，更新 dist[3][1]=10，p[3][1]=p[2][1]=0。在节点 3 与节点 1 之间插入节点 2。

以上 3 个最短距离的更新过程如下图所示。

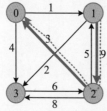 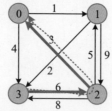 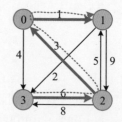

更新后的最短距离数组和前驱数组如下图所示。

$$
\text{dist}[i][j] = \begin{bmatrix} 0 & 1 & 10 & 3 \\ 12 & 0 & 9 & 2 \\ 3 & 4 & 0 & 6 \\ 9 & 10 & 6 & 0 \end{bmatrix} \qquad p[i][j] = \begin{bmatrix} -1 & 0 & 1 & 1 \\ 2 & -1 & 1 & 1 \\ 2 & 0 & -1 & 1 \\ 2 & 0 & 3 & -1 \end{bmatrix}
$$

（6）插点（k=3）。考查所有节点能否都借助节点 3 更新最短距离。看节点 3 的入边，节点 0、节点 1 和节点 2 都可以借助节点 3 更新其到其他节点的最短距离。

- dist[0][1]：dist[0][1]=1<dist[0][3]+dist[3][1]=13，不更新。
- dist[0][2]：dist[0][2]=10>dist[0][3]+dist[3][2]=9，更新 dist[0][2]=9，p[0][2]=3。在节点 0 与节点 2 之间插入节点 3。
- dist[1][0]：dist[1][0]=12>dist[1][3]+dist[3][0]=11，更新 dist[1][0]=11，p[1][0]=p[3][0]=2。在节点 1 和节点 0 之间插入节点 3。
- dist[1][2]：dist[1][2]=9>dist[1][3]+dist[3][2]=8，更新 dist[1][2]=8，p[1][2]=3。在节点 1 与节点 2 之间插入节点 3。
- dist[2][0]：dist[2][0]=3<dist[2][3]+dist[3][0]=15，不更新。
- dist[2][1]：dist[2][1]=4<dist[2][3]+dist[3][1]=16，不更新。

以上 3 个最短距离的更新过程如下图所示。

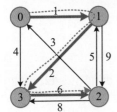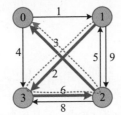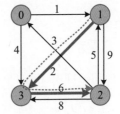

更新后的最短距离数组和前驱数组如下图所示。

$$\text{dist}[i][j] = \begin{bmatrix} 0 & 1 & 9 & 3 \\ 11 & 0 & 8 & 2 \\ 3 & 4 & 0 & 6 \\ 9 & 10 & 6 & 0 \end{bmatrix} \qquad p[i][j] = \begin{bmatrix} -1 & 0 & 3 & 1 \\ 2 & -1 & 3 & 1 \\ 2 & 0 & -1 & 1 \\ 2 & 0 & 3 & -1 \end{bmatrix}$$

（7）插点结束。dist[][] 数组包含了各节点之间的最短距离，可以根据前驱数组 p[][] 找到从节点 i 到节点 j 的最短路径。例如，求从节点 1 到节点 2 的最短路径，首先读取 p[1][2]=3，说明节点 2 的前驱为节点 3，继续向前查找，读取 p[1][3]=1，说明节点 3 的前驱为节点 1，得到从节点 1 到节点 2 的最短路径为 1-3-2。求从节点 1 到节点 0 的最短路径，首先读取 p[1][0]=2，说明节点 0 的前驱为节点 2，继续向前查找，读取 p[1][2]=3，说明节点 2 的前驱为节点 3，继续向前查找，读取 p[1][3]=1，得到从节点 1 到节点 0 的最短路径为 1-3-2-0。

3. 算法实现

```
void Floyd(){ //用 Floyd 算法求任意节点之间的最短路径长度
    for(int i=0;i<n;i++){ //初始化
        for(int j=0;j<n;j++){
```

```
            if(i==j)
                dist[i][j]=0;//自己到自己的最短路径长度为0
            else
                dist[i][j]=G[i][j];
            if(dist[i][j]<INF&&i!=j)
                p[i][j]=i;  //若节点i与节点j之间有边，则将节点j的前驱置为i
            else
                p[i][j]=-1;  //若节点i与节点j之间无边，则将节点j的前驱置为-1
        }
    }
for(int k=0;k<n;k++)
    for(int i=0;i<n;i++)
        for(int j=0;j<n;j++)
            if(dist[i][k]+dist[k][j]<dist[i][j]){//从节点i经过节点k到节点j
                                                //的路径更短
                dist[i][j]=dist[i][k]+dist[k][j];  //更新dist[i][j]
                p[i][j]=p[k][j];  //更改节点j的前驱
            }
}
```

4. 算法分析

时间复杂度：三层 for 循环，时间复杂度为 $O(n^3)$。

空间复杂度：用到了最短距离数组 dist[][]和前驱数组 p[][]，空间复杂度为 $O(n^2)$。

尽管 Floyd 算法的时间复杂度为 $O(n^3)$，但其代码简单，对于中等输入规模来说仍然有效。若用 Dijkstra 算法求解各个节点之间的最短路径，则需要以每个节点为源点都调用一次，共调用 n 次，其总时间复杂度也为 $O(n^3)$。需要特别注意的是，用 Dijkstra 算法无法处理有负权边（权值为负数的边）的图。若有负权边，则可以用 Bellman-Ford 算法或 SPFA 算法处理。

6.2.3 Bellman-Ford 算法

若遇到负权边，则在没有负环（回路的权值之和为负数）时，可以用 Bellman-Ford 算法求解最短路径。Bellman-Ford 算法用于求解单源最短路径问题，其优点是边的权值可以为负数且实现简单，缺点是时间复杂度过高。但是，可以对该算法进行优化，以提高效率。

Bellman-Ford 算法与 Dijkstra 算法类似，都以松弛操作为基础。Dijkstra 算法首先通过贪心策略选择未被处理的具有最小权值的节点，然后对其出边进行松弛操作；而 Bellman-Ford 算法对所有边都进行松弛操作，共 n−1 次。因为负环可以无限制地减少最短路径长度，所以若发现第 n 次操作仍可松弛，则一定有负环。Bellman-Ford 算法的最长运行时间为 $O(nm)$，其中 n 和 m 分别是节点数和边数。

1．算法步骤

（1）数据结构。需要用边进行松弛操作，因此用边集数组存储数据。每条边都有三个域：两个端点 a、b 和边权 w。

（2）松弛操作。对所有的边 $j(a,b,w)$，若 $dist[e[j].b] > dist[e[j].a] + e[j].w$，则进行松弛操作，令 $dist[e[j].b] = dist[e[j].a] + e[j].w$。其中，$dist[v]$ 表示从源点到节点 v 的最短路径长度。

（3）重复进行松弛操作 $n–1$ 次。

（4）负环判定（即"判负环"）。再进行一次松弛操作，若仍可松弛，则说明有负环。

2．算法实现

```
bool bellman_ford(int u){//求从源点u到其他各个顶点的最短路径长度，可以判负环
    memset(dist,0x3f,sizeof(dist));
    dist[u]=0;
    for(int i=1;i<n;i++){//执行n-1次
        bool flag=false;
        for(int j=0;j<m;j++)//边数是m或cnt，若是无向图，则边数是2m
            if(dist[e[j].b]>dist[e[j].a]+e[j].w){
                dist[e[j].b]=dist[e[j].a]+e[j].w;
                flag=true;
            }
        if(!flag)
            return false;
    }
    for(int j=0;j<m;j++)//再进行1次松弛操作，若仍可松弛，则说明有负环
        if(dist[e[j].b]>dist[e[j].a]+e[j].w)
            return true;
    return false;
}
```

3．算法优化

（1）提前退出循环。在实际操作中，Bellman-Ford 算法经常会在松弛操作未达到 $n–1$ 次时求解完毕，可以在循环中设置判定语句：在某次循环不再进行松弛操作时，直接退出循环。通过上段代码中的 if(!flag) 语句就可以提前退出循环。

（2）队列优化。松弛操作只会发生在最短路径松弛过的前驱节点上，用一个队列记录松弛过的节点，可以避免冗余计算。这就是 SPFA 算法的由来。

6.2.4 SPFA 算法

SPFA 算法，又被称为"快速最短路径算法"，是 Bellman-Ford 算法的队列优化算

法，通常用于求解含负权边的单源最短路径及判负环。在最坏情况下，SPFA 算法和 Bellman-Ford 算法的时间复杂度均为 $O(nm)$，但在稀疏图上运行效率较高，为 $O(km)$，其中 k 是一个较小的常数。

1. 算法步骤

（1）创建一个队列，源点 u 入队，标记源点 u 在队列中，源点 u 的入队次数加 1。

（2）松弛操作。取出队头节点 x，标记节点 x 不在队列中。扫描节点 x 的所有出边 $i(x,v,w)$，若 $dist[v]>dist[x]+e[i].w$，则进行松弛操作，令 $dist[v]=dist[x]+e[i].w$。若节点 v 不在队列中，而且判断节点 v 的入队次数加 1 后大于或等于 n，则说明有负环，退出；否则节点 v 入队，标记节点 v 在队列中。

（3）重复进行松弛操作，直到队列为空时结束。

2. 算法实现

```
bool spfa(int u){
    queue<int>q;
    memset(vis,0,sizeof(vis));//标记是否在队列中
    memset(sum,0,sizeof(sum));//统计入队的次数
    memset(dist,0x3f,sizeof(dist));
    vis[u]=1;
    dist[u]=0;
    sum[u]++;
    q.push(u);
    while(!q.empty()){
        int x=q.front();
        q.pop();
        vis[x]=0;
        for(int i=head[x];~i;i=e[i].next){
            int v=e[i].to;
            if(dist[v]>dist[x]+e[i].w){
                dist[v]=dist[x]+e[i].w;
                if(!vis[v]){
                    if(++sum[v]>=n)//说明有负环
                        return true;
                    vis[v]=1;
                    q.push(v);
                }
            }
        }
    }
    return false;
}
```

3. 算法优化

SPFA 算法有两个优化策略：SLF（Small Label First）策略和 LLL（Large Label Last）策略。SLF 策略和 LLL 策略虽然在随机数据上表现优秀，但是在正权图上的最坏情况为 $O(nm)$，在负权图上的最坏情况达到指数级复杂度。

（1）SLF 策略：若待入队的是节点 j，队头元素为节点 i，$dist[j]<dist[i]$，则将节点 j 插入队头，否则将其插入队尾。

（2）LLL 策略：设队头元素为节点 i，队列中所有 $dist[]$ 数组的平均值为 x，若 $dist[i]>x$，则将节点 i 插入队尾，查找下一元素，直到找到某一节点 i，满足 $dist[i] \leqslant x$，将节点 i 出队，进行松弛操作。

若在图中没有负权边，则可以用优先队列优化 SPFA 算法，每次都取出当前 $dist[]$ 数组中最小的节点扩展，当节点第 1 次被从优先队列中取出时，就得到了该节点的最短路径。这与 Dijkstra 算法类似，时间复杂度为 $O(m\log n)$。

 训练 1　重型运输

题目描述（POJ1797）：Hugo 需要将巨型起重机从工厂运输到其客户所在的地方，经过的所有街道都必须能承受巨型起重机的重量。他已经有了所有街道及其承重的城市规划。不幸的是，他不知道如何找到街道的最大承重，以将巨型起重机的重量告诉其客户。街道之间的交叉口编号为 $1 \sim n$。要求找到从 1 号（Hugo 所在的地方）交叉口到 n 号（客户所在的地方）交叉口可以运输的最大重量。假设至少有一条路径，所有街道都是双向的。

输入：第 1 行为测试用例的数量。每个测试用例的第 1 行都为 n（$1 \leqslant n \leqslant 1000$）和 m，分别表示街道的交叉口数量和街道数量。以下 m 行，每行都为 3 个整数（正数且不大于 10^6），分别表示街道的开始位置、结束位置和承重。在每对交叉口之间最多有一条街道。

输出：对于每个测试用例，都输出以"Scenario #i:"开头的行，其中 i 是从 1 开始的测试用例编号。之后单行输出最大承重。在测试用例之间有一个空行。

输入样例	输出样例
1 3 3 1 2 3 1 3 4 2 3 5	Scenario #1: 4

题解：本题要求找到一条最小边权最大的通路，该通路的最小边权即最大承重。如下图所示，从 1 到 6 有 3 条通路，其中 1-2-4-6 的最小边权为 3；1-3-4-6 的最小边

权为 4；1-3-5-6 的最小边权为 2；最小边权最大的通路为 1-3-4-6，该通路的最大承重为 4，超过 4 则无法承重。

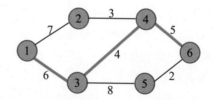

1. 算法设计

（1）将所有街道的数据都用链式前向星存储，每条街道都是双向的。

（2）将 Dijkstra 算法的更新条件改变一下，改为最小边权最大的路径更新。

2. 算法实现

```cpp
int dist[maxn];//dist[v]表示从源点到当前节点v的所有路径上最小边权的最大值
void solve(int u){//将 Dijkstra 算法的更新条件改变一下，求最小边权最大的路径
    priority_queue<pair<int,int> >q;
    memset(vis,false,sizeof(vis));
    memset(dist,0,sizeof(dist));
    dist[u]=inf;
    q.push(make_pair(dist[u],u));//最大值优先
    while(!q.empty()){
        int x=q.top().second;
        q.pop();
        if(vis[x]) continue;
        vis[x]=true;
        if(vis[n]) return;
        for(int i=head[x];~i;i=e[i].next){
            int v=e[i].to;
            if(vis[v]) continue;
            if(dist[v]<min(dist[x],e[i].w)){//求最小边权最大的路径
                dist[v]=min(dist[x],e[i].w);
                q.push(make_pair(dist[v],v));
            }
        }
    }
}
```

✏ 训练 2　货币兑换

题目描述（**POJ1860**）：有几个货币兑换点，在每个货币兑换点都只能兑换两种特定货币。可以有几个专门兑换同一种货币的货币兑换点。每个货币兑换点都有自己的汇率，货币 A 兑换为货币 B 的汇率是 1A 兑换 B 的数量。此外，每个货币兑换点都

有一些佣金，即为兑换操作支付的金额。佣金始终以源货币为标准收取。例如，若想在货币兑换点用 100 美元兑换俄罗斯卢布，汇率为 29.75，佣金为 0.39，则将兑换 $(100-0.39) \times 29.75 = 2963.3975 RUR$。

在货币兑换点可以兑换 n 种不同的货币。货币编号为 $1 \sim n$。对每个货币兑换点都用 6 个数字来描述：整数 A 和 B（交换的货币类型），以及 R_{AB}、C_{AB}、R_{BA} 和 C_{BA}（分别表示 A 兑换为 B 和 B 兑换为 A 时的汇率和佣金）。尼克有一些货币 s，想知道他能否在一些货币兑换点通过兑换货币增加自己的资本，他最终想要换回货币 s。在进行操作时所有金额都必须是非负数。

输入：输入的第 1 行为 4 个数字：n 表示货币类型的数量，m 表示货币兑换点的数量，s 表示尼克拥有的货币类型，v 表示他拥有的货币数量。以下 m 行，每行都为 6 个数字，表示对相应货币兑换点的描述。数字由一个或多个空格分隔。$1 \leqslant s \leqslant n \leqslant 100$，$1 \leqslant m \leqslant 100$，$v$ 是实数，$0 \leqslant v \leqslant 10^3$，汇率和佣金在小数点后至多有两位，$10^{-2} \leqslant$ 汇率 $\leqslant 10^2$，$0 \leqslant$ 佣金 $\leqslant 10^2$。

输出：若尼克可以增加他的财富，则输出"YES"，在其他情况下输出"NO"。

输入样例	输出样例
3 2 1 20.0	YES
1 2 1.00 1.00 1.00 1.00	
2 3 1.10 1.00 1.10 1.00	

题解：本题从当前货币出发，走一条回路，赚到一些钱。因为走过的边是双向的，因此能走过去就一定能走回来。只需判断在图中是否有正环，即使这个正环不包含 s 也没关系，走一次正环就会多赚一些钱。

输入样例 1，如下图所示，包含一个正环 2-3-2，每走一次就赚一些钱。

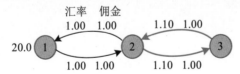

计算过程如下。

- 1-2：$(20-1.00) \times 1.00 = 19.00$。
- 2-3、3-2：$(19-1.00) \times 1.10 = 19.80$、$(19.8-1.00) \times 1.10 = 20.68$。
- 2-3、3-2：$(20.68-1.00) \times 1.10 = 21.648$、$(21.648-1.00) \times 1.10 = 22.712\ 8$。
- 2-1：$(22.712\ 8-1.00) \times 1.00 = 21.712\ 8$。

1. 算法设计

（1）用 Bellman-Ford 算法判断是否有正环。对边进行 $n-1$ 次松弛操作后，再进行

1 次松弛操作，若仍可松弛，则说明有环（是正环还是负环主要取决于松弛条件）。

注意 对于双向边，边数是 $2m$ 或 cnt（边的计数器）。

```
if(dist[e[j].b]<(dist[e[j].a]-e[j].c)*e[j].r) //进行松弛操作，a、b 为边的节点，r、c 为
                                              //汇率和佣金
    dist[e[j].b]=(dist[e[j].a]-e[j].c)*e[j].r;
```

（2）SPFA 算法，判断是否有正环。进行松弛操作时，若对一个节点访问 n 次，则说明有环。

（3）深度优先搜索，判断是否有正环。若在进行松弛操作时访问到已遍历的节点，则说明有环。

2. 算法实现

```
bool bellman_ford(){//判断是否有正环
    memset(dist,0,sizeof(dist));
    dist[s]=v;
    for(int i=1;i<n;i++){//执行 n-1 次
        bool flag=false;
        for(int j=0;j<cnt;j++)//注意：边数是 2m 或 cnt（边的计数器）
            if(dist[e[j].b]<(dist[e[j].a]-e[j].c)*e[j].r){
                dist[e[j].b]=(dist[e[j].a]-e[j].c)*e[j].r;
                flag=true;
            }
        if(!flag)
            return false;
    }
    for(int j=0;j<cnt;j++)//再进行 1 次松弛操作，若仍可松弛，则说明有环
        if(dist[e[j].b]<(dist[e[j].a]-e[j].c)*e[j].r)
            return true;
    return false;
}
```

训练3 虫洞

题目描述（POJ3259）：约翰在探索许多农场时发现了一些令人惊奇的虫洞。虫洞是非常奇特的，因为它是一条单向路径，可以将人穿越到之前的某个时间！约翰想从某个地点开始，穿过一些路径和虫洞，并在他出发前的一段时间返回起点，也许他将能够见到自己。

输入：第 1 行为单个整数 f（$1 \leqslant f \leqslant 5$），表示农场数量。每个农场的第 1 行都为 3 个整数 n、m、w，分别表示编号为 1～n 的 n（$1 \leqslant n \leqslant 500$）块田、$m$（$1 \leqslant m \leqslant 2\,500$）条路径和 w（$1 \leqslant w \leqslant 200$）个虫洞。第 2～$m$+1 行，每行都为 3 个数字 s、e、t，表示

穿过 s 与 e 之间的路径（双向）需要 t 秒。两块田之间都可能有多条路径。第 $m+2$～$m+w+1$ 行，每行都包含 3 个数字 s、e、t，表示对于从 s 到 e 的单向路径，旅行者将穿越 t 秒。没有需要超过 10 000 秒穿越时间的路径，没有可以穿越超过 10 000 秒的虫洞。

输出：对于每个农场，若约翰可以达到目标，则输出"YES"，否则输出"NO"。

输入样例	输出样例
2	NO
3 3 1	YES
1 2 2	
1 3 4	
2 3 1	
3 1 3	
3 2 1	
1 2 3	
2 3 4	
3 1 8	

提示：对于农场 1，约翰无法及时返回；对于农场 2，约翰可以在 1→2→3→1 的周期内及时返回，在他离开前 1 秒返回他的初始位置。他可以从周期内的任何地方开始实现这一目标。

题解：根据输入样例 1，如下图(a)所示，约翰无法在他出发之前的时间返回。根据输入样例 2，如下图(b)所示。约翰可以在 1→2→3→1 的周期内及时返回，在他离开前 1 秒返回他的初始位置。他可以从周期内的任何地方开始达到这一目标。因为有一个负环（边权之和为负数）1→2→3→1，所以该负环的边权之和为–1。

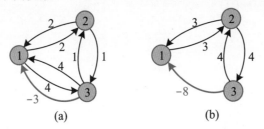

(a)　　　　　　　(b)

1. 算法设计

本题其实就是判断是否有负环，用 SPFA 算法判断是否有负环即可。

> ⚠️ **注意** 普通道路是双向的，虫洞是单向的，而且时间为负值。

2. 算法实现

```
bool spfa(int u){ //判断是否有负环
    queue<int>q;
    memset(vis,0,sizeof(vis));
```

```
        memset(sum,0,sizeof(sum));
        vis[u]=1;
        dist[u]=0;
        sum[u]++;
        q.push(u);
        while(!q.empty()){
            int x=q.front();
            q.pop();
            vis[x]=0;
            for(int i=head[x];~i;i=e[i].next){
                if(dist[e[i].to]>dist[x]+e[i].c){
                    dist[e[i].to]=dist[x]+e[i].c;
                    if(!vis[e[i].to]){
                        if(++sum[e[i].to]>=n)
                            return false;
                        vis[e[i].to]=1;
                        q.push(e[i].to);
                    }
                }
            }
        }
        return true;
    }

    bool solve(){
        memset(dist,0x3f,sizeof(dist));
        for(int i=1;i<=n;i++)
            if(dist[i]==inf) //若已经到达该点却没找到负环，则不需要再从该点查找
                if(!spfa(i)) //从节点 i 出发判断是否有负环
                    return 1;
        return 0;
    }
```

6.3 拓扑排序

有向无环图（Directed Acycline Graph，DAG）是描述一个工程、计划、生产、系统等流程的有效工具。一个大工程可被分为若干子工程（简称"活动"），活动之间通常有一定的约束。用节点表示活动且用弧表示活动优先关系的有向图，被称为"AOV网"（Activity On Vertex Network）。AOV网中的弧表示了活动之间的制约关系。例如，计算机专业的学生必须完成一系列规定的基础课和专业课才能毕业。若用节点表示课程，用弧表示先修关系，则用弧$<i,j>$表示课程 i 是课程 j 的先修课程，课程之间的关系如下图所示。

课程编号	课程名称	先修课程
C_0	程序设计基础	无
C_1	数据结构	C_0、C_2
C_2	离散数学	C_0
C_3	高级程序设计	C_0、C_5
C_4	数值分析	C_2、C_3、C_5
C_5	高等数学	无

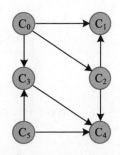

在 AOV 网中不允许有环，否则会出现自己是自己的前驱的情况，陷入死循环。怎么判断在 AOV 网中是否有环呢？一种检测办法是对有向图中的节点进行拓扑排序。若 AOV 网中的所有节点都在拓扑序列中，则在 AOV 网中必定无环。

拓扑排序指将 AOV 网中的节点排成一个线性序列，该序列必须满足：若从节点 i 到节点 j 有一条路径，则在该序列中节点 i 一定在节点 j 之前。

拓扑排序的基本思想：①选择一个无前驱的节点并输出；②从图中删除该节点和该节点的所有发出边；③重复前两步，直到不存在无前驱的节点；④若输出的节点数少于 AOV 网中的节点数，则说明网中有环，否则输出的序列即拓扑序列。

拓扑序列并不是唯一的，例如在上图中，节点 C_0 和节点 C_5 都无前驱，先输出哪一个都可以，若先输出节点 C_0，则删除节点 C_0 及节点 C_0 的所有发出边。此时节点 C_2 和节点 C_5 都无前驱，若输出节点 C_5，则删除节点 C_5 及节点 C_5 的所有发出边。此时节点 C_2 和节点 C_3 都无前驱，若输出节点 C_3，则删除节点 C_3 及节点 C_3 的所有发出边。此时节点 C_2 无前驱，若输出节点 C_2，则删除节点 C_2 及节点 C_2 的所有发出边。此时节点 C_1 和节点 C_4 都无前驱，将其输出并删除即可。整个过程如下图所示。拓扑序列为$(C_0,C_5,C_3,C_2,C_1,C_4)$。

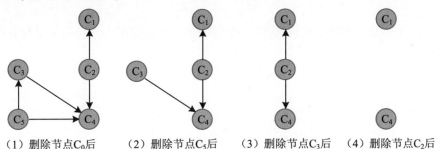

（1）删除节点C_0后　　（2）删除节点C_5后　　（3）删除节点C_3后　　（4）删除节点C_2后

在上述描述过程中有删除节点和边的操作，实际上，没必要真的删除节点和边。可以将没有前驱的节点（入度为 0）暂存到栈中，输出时出栈即表示删除。在删除边时将其邻接点的入度减 1 即可。例如在下图中删除节点 C_0 的所有发出边，相当于将节点 C_3、节点 C_2、节点 C_1 的入度减 1。

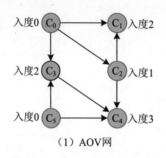

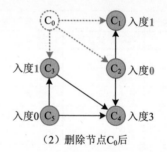

（1）AOV网　　　　　　　　（2）删除节点C_0后

1. 算法步骤

（1）求各节点的入度，将其存储在 indegree[] 数组中，并将入度为 0 的节点入栈 S。

（2）若栈不为空，则重复执行以下操作：①将栈顶元素 i 出栈并保存到拓扑序列数组 topo[] 中；②将节点 i 的所有邻接点的入度都减 1，若减 1 后入度为 0，则立即入栈 S。

（3）若输出的节点数小于 AOV 网中的节点数，则说明网中有环，否则输出拓扑序列。

2. 完美图解

例如，一个 AOV 网如下图所示，其拓扑排序的过程如下。

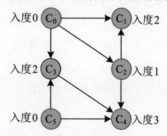

（1）输入边时累加节点的入度并将其保存到 indegree[] 数组中，将入度为 0 的节点入栈 S。

indegree[]

0	1	2	3	4	5
0	2	1	2	3	0

S

5
0

（2）将栈顶元素 5 出栈并保存到拓扑序列数组 topo[] 中。将节点 5 的所有邻接点（节点 C_3、节点 C_4）的入度都减 1，若减 1 后入度为 0，则立即入栈 S。

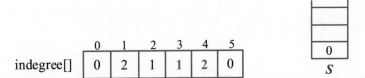

（3）将栈顶元素 0 出栈并保存到拓扑序列数组 topo[]中。将节点 0 的所有邻接点（节点 C_1、节点 C_2、节点 C_3）的入度都减 1，若减 1 后入度为 0，则立即入栈 S。

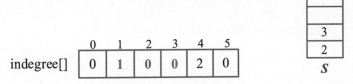

（4）将栈顶元素 3 出栈并保存到拓扑序列数组 topo[]中。将节点 3 的邻接点 C_4 的入度减 1，若减 1 后入度为 0，则立即入栈 S。

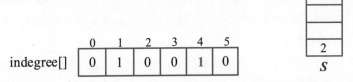

（5）将栈顶元素 2 出栈并保存到拓扑序列数组 topo[]中。将节点 2 的所有邻接点（节点 C_1、节点 C_4）的入度都减 1，若减 1 后入度为 0，则立即入栈 S。

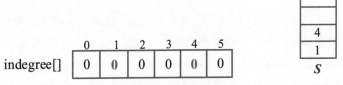

（6）将栈顶元素 4 出栈并保存到拓扑序列数组 topo[]中。节点 4 没有邻接点。

（7）将栈顶元素 1 出栈并保存到拓扑序列数组 topo[]中。节点 1 没有邻接点。

（8）栈空，算法停止。输出拓扑序列。

	0	1	2	3	4	5
topo[]	5	0	3	2	4	1

3. 算法实现

```
bool toposort(){//拓扑排序
    int k=0;
    for(int i=0;i<n;i++)
        if(in[i]==0)
            s.push(i);
```

```
while(!s.empty()){
    int u=s.top();
    s.pop();
    topo[k++]=u;
    for(int i=head[u];~i;i=e[i].next){
        int v=e[i].to;
        if(--in[v]==0)
            s.push(v);
    }
}
if(k<n) return 0;//该有向图有回路
return 1;
}
```

4. 算法分析

时间复杂度：度为 0 的节点入栈的时间复杂度为 $O(n)$，在每个节点出栈后都需要将其邻接点的入度减 1，若用邻接矩阵存储图，则访问一个节点的所有邻接点的执行次数都为 n，总时间复杂度为 $O(n^2)$。若用邻接表或链式前向星存储图，则访问一个节点的所有邻接点的执行次数都为该节点的度，总时间复杂度为 $O(e)$。

空间复杂度：辅助空间包括入度数组 indegree[]、拓扑序列数组 topo[]、栈 S，算法的空间复杂度为 $O(n)$。

✏️ 训练 1　家族树

题目描述（POJ2367）：在火星理事会中，令人困惑的血缘关系导致了一些尴尬，为了在讨论中不冒犯任何人，由老火星人先发言，而不是由年轻人或最年轻的无子女人员先发言。但是，维持这个制度并不简单，火星人并不总是知道其父母和祖父母是谁，若由一个孙子先发言而不是由其年轻的曾祖父先发言，则会出现错误。编写程序，保证火星理事会中的每个成员都早于其后代发言。

输入：第 1 行为整数 n（$1 \leqslant n \leqslant 100$），表示火星理事会的成员数量。成员编号为 $1 \sim n$。接下来的 n 行，第 i 行为第 i 个成员的孩子名单。孩子的名单可能是空的，名单以 0 结尾。

输出：单行输出一系列发言者的编号，以空格分隔。若有几个序列满足条件，则输出任意一个，至少存在一个这样的序列。

输入样例	输出样例
5	2 4 5 3 1
0	
4 5 1 0	
1 0	

```
5 3 0
3 0
```

题解：根据输入样例构建的图形结构如下图所示，其拓扑序列为(2,4,5,3,1)。本题属于简单的拓扑排序问题，输出拓扑序列即可。

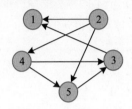

算法代码：

```
void TopoSort(){ //拓扑排序
    int cnt=0;
    for(int i=1;i<=n;i++)
        if(indegree[i]==0)
            s.push(i);
    while(!s.empty()){
        int u=s.top();
        s.pop();
        topo[++cnt]=u;
        for(int j=1;j<=n;j++)
            if(map[u][j])
            if(--indegree[j]==0)
                    s.push(j);
    }
}


int main(){
    cin>>n;
    memset(map,0,sizeof(map));
    memset(indegree,0,sizeof(indegree));
    for(int i=1;i<=n;i++){
        int v;
        while(cin>>v&&v){
            map[i][v]=1;
            indegree[v]++;
        }
    }
    TopoSort();
    for(int i=1;i<n;i++)
        cout<<topo[i]<<" ";
    cout<<topo[n]<<endl;
```

```
        return 0;
}
```

训练2　标签球

题目描述（POJ3687）：有 n 个不同重量的球，重量为 $1 \sim n$ 个单位。用 $1 \sim n$ 对球进行标记，使得：①没有两个球具有相同的标签；②标签满足几个约束条件，例如"标签为 a 的球比标签为 b 的球轻"。

输入：第 1 行为测试用例的数量。每个测试用例的第 1 行都为两个整数 n（$1 \leqslant n \leqslant 200$）和 m（$0 \leqslant m \leqslant 40\,000$），分别表示球的数量和约束条件的数量。后面 m 行，每行都为两个整数 a 和 b，表示标签为 a 的球比标签为 b 的球轻（$1 \leqslant a,b \leqslant n$）。在每个测试用例前都有一个空行。

输出：对于每个测试用例，都单行输出标签为 $1 \sim n$ 的球的重量。若存在多种解决方案，则首先输出标签为 1 的球的最小重量，然后输出标签为 2 的球的最小重量，以此类推……若不存在解，则输出 -1。

输入样例	输出样例
5	1 2 3 4
	−1
4 0	−1
	2 1 3 4
4 1	1 3 2 4
1 1	
4 2	
1 2	
2 1	
4 1	
2 1	
4 1	
3 2	

题解：本题不是输出球的标签，而是按标签输出球的重量，并且标签小的球的重量尽可能小。例如，输入以下数据，构建的图形结构如下图所示。

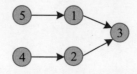

分析：因为节点 3 是最重的，所以令重量 weight[3]=5；节点 1 和节点 2 比节点 3 轻，因为每个球的重量都不同，所以按照标签小的球重量小的原则，首先给标签大的

球分配重量，处理节点 2，因此 weight[2]=4；节点 4 比节点 2 轻，weight[4]=3；节点 1 比节点 3 轻，weight[1]=2；节点 5 比节点 1 轻，weight[5]=1。按照标签 1～5 输出其重量：2 4 5 3 1。

例如，输入以下数据，构建的图形结构如下图所示。

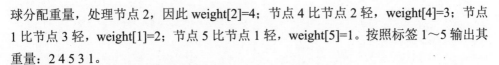

分析：按照标签小的球重量小的原则，首先给标签大的球分配重量：weight[10]=10；weight[9]=9；weight[6]=8；weight[5]=7；weight[3]=6；weight[1]=5。节点 8 和节点 4 比节点 1 轻，按照标签小的球重量小的原则，首先给标签大的球分配重量，处理节点 8，weight[8]=4；节点 7 和节点 2 比节点 8 轻，处理节点 7，weight[7]=3；现在只剩下节点 4 和节点 2，weight[4]=2；weight[2]=1。按照标签 1～10 输出其重量：5 1 6 2 7 8 3 4 9 10。

!注意 本题有重复的边，需要去重，否则会有环，最后输出 1。

1. 算法设计

可以用下面两种方法解决。

（1）建立正向图。$i=n,\cdots,1$，$j=n,\cdots,1$，检查第 1 个出度为 0 的节点 t，分配重量 $w[t]=i$，将弧尾节点的出度减 1，继续下一个循环。若没有出度为 0 的节点，则说明有环，退出。

（2）建立原图的逆向图。$i=n,\cdots,1$，$j=n,\cdots,1$，检查第 1 个入度为 0 的节点 t，分配重量 $w[t]=i$，将其邻接点的入度减 1，继续下一个循环。若没有入度为 0 的节点，则说明有环，退出。

2. 算法实现

```
void TopoSort(){ //拓扑排序
    flag=0;
    for(int i=n;i>0;i--){
        int t=-1;
        for(int j=n;j>0;j--)
            if(!in[j]){
                t=j;
                break;
            }
        if(t==-1){//有环
            flag=1;
            return;
```

```
        }
        in[t]=-1;
        w[t]=i;
        for(int j=1;j<=n;j++)
            if(map[t][j])
                in[j]--;
    }
}

int main(){
    cin>>T;
    while(T--){
        memset(map,0,sizeof(map));
        memset(in,0,sizeof(in));
        cin>>n>>m;
        for(int i=1;i<=m;i++){
            cin>>u>>v;
            if(!map[v][u]){//建立逆向图，检查重复的边
                map[v][u]=1;
                in[u]++;
            }
        }
        TopoSort();
        if(flag){
            cout<<-1<<endl;
            continue;
        }
        for(int i=1;i<n;i++)
            cout<<w[i]<<" ";
        cout<<w[n]<<endl;
    }
    return 0;
}
```

6.4 关键路径

　　AOV 网可以反映活动之间的先后制约关系，但在实际工程中，有时活动不仅有先后顺序，还有持续时间，即该活动必须经过多长时间才可以完成。这时需要另一种网络——AOE 网，即以边表示活动的网。AOE 网是一个带权的有向无环图，节点表示事件，弧表示活动，弧上的权值表示活动持续时间。

　　例如，有一个包含 6 个事件、8 个活动的工程，如下图所示。V_0、V_5 分别表示工程的开始（源点）和结束（汇点），在活动 a_0、a_2 结束后，事件 V_1 才可以开始，在事件 V_1 结束后，活动 a_3、a_4 才可以开始。

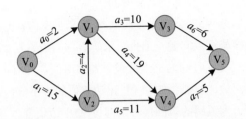

在实际工程应用中通常需要解决两个问题：①估算完成整个工程至少需要多长时间；②判断哪些活动是关键活动，即若该活动被耽搁，则会影响整个工程的进度。

在 AOE 网中，从源点到汇点的最长带权路径为关键路径。关键路径上的活动为关键活动。在确定关键路径时首先要知道 4 个时间：事件的最早发生时间、最迟发生时间，以及活动的最早发生时间、最迟发生时间。

1. 事件 V_i 的最早发生时间 ve[i]

事件 V_i 的最早发生时间是从源点到 V_i 的最长路径长度。很多人不理解，为什么最早发生时间是最长路径长度？举例说明，小明妈妈一边炒菜，一边熬粥，炒菜需要 20 分钟，熬粥需要 30 分钟，最早什么时间开饭？肯定是 30 分钟后。

因为只有进入事件 V_i 的所有入边活动都已完成，V_i 才可以开始，所以可以根据事件的拓扑顺序从源点向汇点递推，求解事件的最早发生时间。初始化源点的最早发生时间为 0，即 ve[0]=0。以 V_i 的最早发生时间考察入边，取弧尾的 ve 值+入边权值的最大值，ve[i]=max{ve[k]+w_{ki}}，<V_k,V_i>∈T。T 为以 V_i 为弧头的弧集合，即 V_i 的入边集合，如下图所示。

例如，一个 AOE 网如下图所示。已经求出 V_1、V_2、V_4 的 ve 值，求 V_5 的 ve 值。考察 V_5 的入边，ve[5]=max{ve[1]+5,ve[2]+3,ve[4]+1}=9。

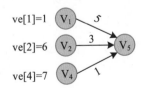

2. 事件 V_i 的最迟发生时间 vl[i]

事件 V_i 的最迟发生时间不能影响其所有后继 V_k 的最迟发生时间。事件 V_i 的最迟发生时间不能大于其后继 V_k 的最迟发生时间减去活动 $<V_i,V_k>$ 的持续时间。因此可以根据事件的逆拓扑顺序从汇点向源点递推，求解事件的最迟发生时间。

初始化汇点的最迟发生时间为汇点的最早发生时间，即 vl[$n-1$]=ve[$n-1$]。以 V_i 的最迟发生时间考察出边，取弧头的 vl 值–出边权值的最小值，ve[i]=min{vl[k]–w_{ki}}，$<V_k,V_i>\in T$。T 为以 V_i 为弧尾的弧的集合，即 V_i 的出边集合。

例如，一个 AOE 网如下图所示。已经求出 V_5、V_6 的 vl 值，求 V_3 的 vl 值。考察 V_3 的出边，vl[3]=min{vl[5]–7,vl[6]–10}=6。

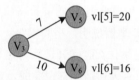

3. 活动 a_i=$<V_j,V_k>$ 的最早发生时间 e[i]

因为只要事件 V_j 发生了，活动 a_i 就可以开始，所以活动 a_i 的最早发生时间等于事件 V_j 的最早发生时间，即活动 a_i 的最早发生时间为其弧尾的最早发生时间，e[i]=ve[j]。

弧尾
V_j —— a_i —— V_k

例如，一个 AOE 网如下图所示。已经求出 V_3 的 ve 值，求 a_4 的 e 值。a_4 的 e 值等于弧尾 V_3 的 ve 值，e[4]=ve[3]=3。

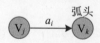

4. 活动 a_i=$<V_j,V_k>$ 的最迟发生时间 l[i]

活动 a_i 的最迟发生时间不能影响事件 V_k 的最迟发生时间，因此活动 a_i 的最迟发生时间等于事件 V_k 的最迟发生时间减去活动 a_i 的持续时间 w_{jk}，即活动 a_i 的最迟发生时间等于弧头的最迟发生时间减去边权，l[i]=vl[k]–w_{jk}。

弧头
V_j —— a_i —— V_k

例如，一个 AOE 网如下图所示。已经求出 V_5 的 vl 值，求 a_4 的 l 值。a_4 的 l 值= 弧头 V_5 的 vl 值−边权，l[4]=vl[5]−7=20−7=13。

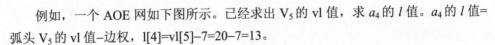

1. 秘籍

（1）事件 V_i 的最早发生时间 ve[i]：考察入边，弧尾的 ve+入边权值的最大值。

（2）事件 V_i 的最迟发生时间 vl[i]：考察出边，弧头的 vl−出边权值的最小值。

（3）活动 a_i 的最早发生时间 e[i]：弧尾的最早发生时间。

（4）活动 a_i 的最迟发生时间 l[i]：弧头的最迟发生时间−边权。

2. 完美图解

例如，一个 AOE 网如下图所示，求其关键路径。

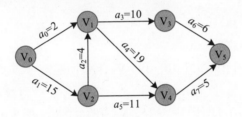

（1）求拓扑序列，将其保存在 topo[]数组中。

	0	1	2	3	4	5
topo[]	0	2	1	3	4	5

（2）按照拓扑序列(0,2,1,3,4,5)从前向后求解每个节点的最早发生时间，即 ve[]数组。考察节点的入边，即求弧尾的 ve+入边权值的最大值。

- ve[0]=0。
- ve[2]=ve[0]+15=15。
- ve[1]=max{ve[2]+4,ve[0]+2}=19。V_1 有两个入边，弧尾的 ve+入边权值，取最大值。

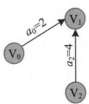

- ve[3]=ve[1]+10=29。

- ve[4]=max{ve[2]+11,ve[1]+19}=38。V_4 有两个入边，弧尾的 ve+入边权值，取最大值。
- ve[5]=max{ve[4]+5,ve[3]+6}=43。V_5 有两个入边，弧尾的 ve+入边权值，取最大值。

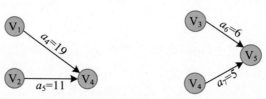

（3）按照逆拓扑顺序(5,4,3,1,2,0)从后向前求解每个节点的最迟发生时间，即 vl[] 数组。初始化汇点的最迟发生时间为汇点的最早发生时间，即 vl[n-1]=ve[n-1]。对其他节点考察出边，弧头的 vl−出边权值，取最小值。

- vl[5]=ve[5]=43。
- vl[4]=vl[5]−5=38。
- vl[3]=vl[5]−6=37。
- vl[1]=min{vl[4]−19,vl[3]−10}=19。V_1 有两个出边，弧头的 vl−出边权值，取最小值。
- vl[2]= min{vl[4]−11,vl[1]−4}=15。V_2 有两个出边，弧头的 vl−出边权值，取最小值。
- vl[0]=min{vl[2]−15,vl[1]−2}=0。V_0 有两个出边，弧头的 vl−出边权值，取最小值。

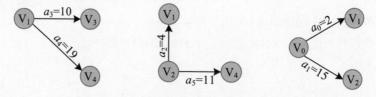

求解完毕后，事件的最早发生时间和最迟发生时间如下表所示。

事 件	ve[i]	vl[i]
0	0	0
1	19	19
2	15	15
3	29	37
4	38	38
5	43	43

（4）计算每个活动的最早发生时间和最迟发生时间。活动 a_i 的最早发生时间 e[i]

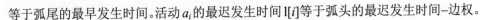

等于弧尾的最早发生时间。活动 a_i 的最迟发生时间 $l[i]$ 等于弧头的最迟发生时间–边权。

- 活动 a_0=<V_0,V_1>：e[0]=ve[0]=0；l[0]=vl[1]–2=17。
- 活动 a_1=<V_0,V_2>：e[1]=ve[0]=0；l[1]=vl[2]–15=0。
- 活动 a_2=<V_2,V_1>：e[2]=ve[2]=15；l[2]=vl[1]–4=15。
- 活动 a_3=<V_1,V_3>：e[3]=ve[1]=19；l[3]=vl[3]–10=27。
- 活动 a_4=<V_1,V_4>：e[4]=ve[1]=19；l[4]=vl[4]–19=19。
- 活动 a_5=<V_2,V_4>：e[5]=ve[2]=15；l[5]=vl[4]–11=27。
- 活动 a_6=<V_3,V_5>：e[6]=ve[3]=29；l[6]=vl[5]–6=37。
- 活动 a_7=<V_4,V_5>：e[7]=ve[4]=38；l[7]=vl[5]–5=38。

若活动的最早发生时间等于最迟发生时间，则该活动为关键活动，如下表所示。

活 动	e[i]	l[i]	关键活动
a_0	0	17	
a_1	0	0	√
a_2	15	15	√
a_3	19	27	
a_4	19	19	√
a_5	15	27	
a_6	29	37	
a_7	38	38	√

（5）由关键活动组成的从源点到汇点的路径为关键路径 V_0-V_2-V_1-V_4-V_5，如下图所示。

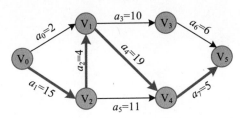

3. 算法步骤

（1）将拓扑排序的结果保存在 topo[] 数组中。

（2）将每个事件的最早发生时间都初始化为 0，即 ve[i]=0，i=0,1,$\cdots$,n–1。

（3）根据拓扑顺序从前向后依次求每个事件的最早发生时间，循环执行这些操作：①取出拓扑序列中的节点 u，u=topo[j]，j=0,1,$\cdots$,n–1；②对于节点 u 的每个邻接点 v，都更新节点 v 的最早发生时间 ve[v]，即

```
if(ve[v]<ve[u]+w)  ve[v]=ve[u]+w;
```

相当于求弧尾的 ve+入边权值的最大值，如下图所示。

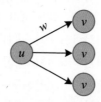

这里的程序并不是一次性考察所有入边，但效果是一样的，想一想为什么？

（4）将每个事件的最迟发生时间 vl[i] 都初始化为汇点的最早发生时间，即 vl[i]=ve[n-1]。

（5）按照逆拓扑顺序从后向前求每个事件的最迟发生时间，循环执行这些操作：①取出逆拓扑序列中的节点 u，u=topo[j]，j=n-1,…,1,0；②对于节点 u 的每个邻接点 v，都更新节点 u 的最迟发生时间 vl[u]，即

```
if(vl[u]>vl[v]-w)  vl[u]=vl[v]-w;
```

相当于求弧头的 vl-出边权值的最小值，如下图所示。

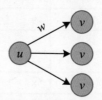

（6）判断活动是否为关键活动。对于每个节点 u，都考察节点 u 的每个邻接点 v，计算活动<u,v>的最早发生时间和最迟发生时间，如下图所示，若 e 和 l 相等，则活动<u,v>为关键活动，即

```
e=ve[u];  l=vl[v]-w;
```

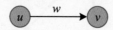

4. 算法实现

```
bool criticalpath(){//关键路径
    if(toposort()){
        cout<<"拓扑序列为: "<<endl;
        for(int i=0;i<n;i++)//输出拓扑序列
            cout<<topo[i]<<"\t";
        cout<<endl;
    }
    else{
        cout<<"该图有环，无拓扑序列! "<<endl;
        return 0;
```

```
}
for(int i=0;i<n;i++)//初始化最早发生时间为0
    ve[i]=0;
for(int j=0;j<n;j++){//按拓扑序列求每个事件的最早发生时间
    int u=topo[j];   //取逆拓扑序列中的节点
    for(int i=head[u];~i;i=e[i].next){
        int v=e[i].to,w=e[i].w;
    if(ve[v]<ve[u]+w)
        ve[v]=ve[u]+w;
    }
}
for(int i=0;i<n;i++)  //初始化每个事件的最迟发生时间为ve[n]
    vl[i]=ve[n-1];
for(int j=n-1;j>=0;j--){//按逆拓扑顺序求每个事件的最迟发生时间
    int u=topo[j];   //取逆拓扑序列中的节点
    for(int i=head[u];~i;i=e[i].next){
        int v=e[i].to,w=e[i].w;
        if(vl[u]>vl[v]-w)
            vl[u]=vl[v]-w;
    }
}
cout<<"事件的最早发生时间和最迟发生时间: "<<endl;
for(int i=0;i<n;i++)
    cout<<ve[i]<<"\t"<<vl[i]<<endl;
cout<<"关键活动路径为:"<<endl;
for(int u=0;u<n;u++){  //对以节点u为弧尾的所有活动都求解e和l
    for(int i=head[u];~i;i=e[i].next){
        int v=e[i].to,w=e[i].w;
        int e=ve[u];     //计算活动<u,v>的最早开始时间e
        int l=vl[v]-w;  //计算活动<u,v>的最迟开始时间l
        if(e==l)         //若为关键活动，则输出<u,v>
            cout<<"<"<<u<<","<<v<<">"<<endl;
    }
}
return 1;
}
```

5. 算法分析

时间复杂度：求事件的最早发生时间和最迟发生时间，以及活动的最早发生时间和最迟发生时间时，要对所有节点及邻接表都进行检查，因此求关键路径算法的时间复杂度为 $O(n+e)$。

空间复杂度：算法所需的辅助空间包含入度数组 indegree[]、拓扑序列数组 topo[]、栈 S 及关键路径算法中的 ve[]、vl[]、e[]、l[]数组，算法的空间复杂度为 $O(n+e)$。

✎ 训练 1 指令安排

题目描述（HDU4109）：小明本学期学习了计算机组成原理课程。他了解到指令之间可能存在依赖关系，例如 WAR（写入后读取）、WAW、RAW。若两个指令之间的距离小于安全距离，则会产生危险，可能导致错误的结果。所以需要设计特殊的电路以消除危险。然而，解决此问题的最简单方法是添加气泡（无用操作），这意味着浪费时间以确保两个指令之间的距离不小于安全距离。两个指令之间的距离等于它们的开始时间之差。

现在有很多指令，已知指令之间的依赖关系和安全距离，可以根据需要同时运行多个指令，并且 CPU 运行速度非常快，只需花费 1ns 即可完成任意指令。你的工作是重新排列指令，以便 CPU 在最短的时间内完成所有指令。

输入：输入几个测试用例。每个测试用例的第 1 行都为两个整数 n 和 m（$n \leq 1000$，$m \leq 10\,000$），分别表示 n 个指令和 m 个依赖关系。以下 m 行，每行都为 3 个整数 X、Y、Z，表示 X 和 Y 之间的安全距离为 Z，Y 在 X 之后运行。指令编号为 $0 \sim n-1$。

输出：单行输出一个整数，即 CPU 运行所需的最短时间。

输入样例	输出样例
5 2	2
1 2 1	
3 4 1	

题解：根据测试用例构建的图形结构如下图所示。在第 1ns 内执行指令 0、1 和 3；在第 2ns 内执行指令 2 和 4。答案是 2。

首先按拓扑排序求每个节点的最长距离，然后求各个节点最长距离的最大值。

算法代码：

```
void TopoSort(){//按拓扑排序求每个节点的最长距离
    int cnt=0;
    for(int i=0;i<n;i++)
        if(in[i]==0){
            s.push(i);
            d[i]=1;
        }
    while(!s.empty()){
        int u=s.top();
        s.pop();
        topo[cnt++]=u;
        for(int v=0;v<n;v++){
```

```
        if(map[u][v]){
          d[v]=max(d[v],d[u]+map[u][v]);
          if(--in[v]==0)
            s.push(v);
        }
      }
    }
}
```

✎ 训练2 家务琐事

题目描述（POJ1949）：约翰有一份必须完成的 n（$3\leqslant n\leqslant 10\,000$）个家务的清单。每个家务都需要一个整数时间 t（$1\leqslant t\leqslant 100$）才能完成，并且可能还有其他家务必须在某家务开始之前完成。第 1 个家务没有先决条件。家务 K（$K>1$）只能以家务 1～$K-1$ 为先决条件。计算完成所有家务所需的最短时间。当然，可以同时进行彼此没有依赖关系的家务。

输入：第 1 行为一个整数 n。第 2～$n+1$ 行描述每个家务。每行都包含完成家务的时间、先决条件的数量 P_i（$0\leqslant P_i\leqslant 100$）和 P_i 个先决条件。

输出：单行输出完成所有家务所需的最短时间。

输入样例	输出样例
7	23
5 0	
1 1 1	
3 1 2	
6 1 1	
1 2 2 4	
8 2 2 4	
4 3 3 5 6	

题解：根据输入样例 1 构建的图形结构如下图所示。

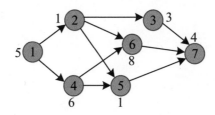

分析：

- 家务 1 在时间 0 开始，在时间 5 结束；
- 家务 2 在时间 5 开始，在时间 6 结束；
- 家务 3 在时间 6 开始，在时间 9 结束；

- 家务 4 在时间 5 开始，在时间 11 结束；
- 家务 5 在时间 11 开始，在时间 12 结束；
- 家务 6 在时间 11 开始，在时间 19 结束；
- 家务 7 在时间 19 开始，在时间 23 结束。

本题的关键在于，家务 K（$K>1$）只能以家务 $1\sim K-1$ 为先决条件。也就是说，输入第 K 个家务时，它的先决条件均已确定什么时间结束。因此在输入过程中直接求最长距离即可。若没有先决条件限制，则不可以这样计算。

算法代码：

```
int main(){
    int ans=0,w,num,y;
    scanf("%d",&n);
    for(int i=1;i<=n;i++){
        scanf("%d%d",&w,&num);//本题数据量大，用cin容易超时
        d[i]=w;
        for(int j=1;j<=num;j++){
            scanf("%d",&y);
            d[i]=max(d[i],d[y]+w);
        }
        ans=max(ans,d[i]);
    }
    printf("%d\n",ans);
    return 0;
}
```

第 7 章

搜索算法提高

7.1 剪枝优化

在深度优先搜索过程中，若没有剪枝，就属于暴力穷举，往往会超时。剪枝函数包括约束函数（能否得到可行解的约束）和限界函数（能否得到最优解的约束）。有了剪枝函数，就可以剪掉得不到可行解或最优解的分支，避免无效搜索，提高搜索效率。在深度优先搜索算法中，剪枝优化是关键，剪枝函数设计得好，会大大提高搜索效率。

✎ 训练 1 数独游戏

题目描述（POJ2676/P1784）：数独游戏是一种非常简单的游戏。如下图所示，一个 9×9 的大网格被分成 9 个 3×3 的小网格。在一些方格内填入 1 个 1~9 的数字，其他方格为空。目标是用 1~9 的数字填充空的方格，每个方格一个数字，在每行、每列和被分好的每个 3×3 的小网格内，1~9 的数字都会出现且不重复。编写一个程序来完成给定的数独任务。

1		3				5		9
		2	1		9	4		
			7		4			
3			5		2			6
	6						5	
7			8		3			4
			4					
		9	2		5	8		
8		4				1		7

输入：输入数据将从测试用例的数量开始。对于每个测试用例，后面都跟 9 行，

对应大网格中的行。在每行都给出 9 个数字，对应这一行中的方格。若方格为空，则用 0 表示。

输出：对于每个测试用例，程序都应该以与输入数据相同的格式打印解决方案。必须按照规则填充空的方格。若解决方案不是唯一的，则程序可以打印其中任意一个。

输入样例	输出样例
1	143628579
103000509	572139468
002109400	986754231
000704000	391542786
300502006	468917352
060000050	725863914
700803004	237481695
000401000	619275843
009205800	854396127
804000107	

题解：本题为数独游戏，为典型的九宫格问题，可以用回溯法搜索解决。把 1 个 9×9 的大网格被分成 9 个 3×3 的小网格，要求在每行、每列和每个小网格内都只能填入一次 1～9 的一个数字，即在每行、每列和每个小网格内都不允许出现相同的数字。

0 表示空白位置，其他均为已填入的数字。要求填完九宫格并输出（若有多种结果，则只需输出其中一种）结果。若无法按要求填好给定的九宫格，则输出原来所输入的未填入数字的九宫格。

用 3 个数组标记每行、每列和每个小网格内已填入的数字。

- row[i][x]：用于标记第 i 行中的数字 x 是否被填入。
- col[j][y]：用于标记第 j 列中的数字 y 是否被填入。
- grid[k][z]：标记第 k 个 3×3 小网格内的数字 z 是否被填入。

row 和 col 的标记比较好处理，关键是找出 grid 小网格的序号与行 i、列 j 的关系，即要知道第 i 行 j 列的数字属于哪个小网格。

将 9 个小网格编号为 1～9，在同一个小网格内不允许填入相同的数字。观察小网格的序号 k 与行 i、列 j 的关系：

- 若把第 1～3 行转换为 0，把第 4～5 行转换为 1，把第 7～9 行转换为 2，则 $a=(i-1)/3$；
- 若把第 1～3 列转换为 0，把第 4～5 列转换为 1，把第 7～9 列转换为 2，则 $b=(j-1)/3$。

行 i、列 j 对应的小网格编号 $k=3×a+b+1=3×((i-1)/3)+(j-1)/3+1$，如下图所示。

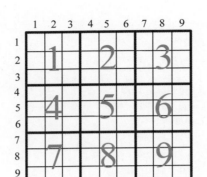

1. 算法设计

（1）预处理输入数据。

（2）从左上角(1,1)开始按行搜索，若行 $i=10$，则说明搜索到答案，返回 1。

（3）若在 map[i][j]内已填入数字，判断列 $j=9$，则说明处理到当前行的最后一列，继续在下一行的第 1 列搜索，即 dfs($i+1$,1)，否则在当前行的下一列搜索，即 dfs(i,$j+1$)。若搜索成功，则返回 1，否则返回 0。

（4）若在 map[i][j]内未填入数字，则计算当前位置(i,j)所属小网格 $k=3\times((i-1)/3)+(j-1)/3+1$。枚举数字 1～9，若在当前行、当前列、当前小网格内均未填入该数字，则填入该数字并标记该数字已出现。若判断列 $j=9$，则说明处理到当前行的最后一列，继续在下一行的第 1 列搜索，即 dfs($i+1$,1)，否则在当前行的下一列搜索，即 dfs(i,$j+1$)。若搜索失败，则回溯归位，继续搜索，否则返回 1。

2. 算法实现

```
bool dfs(int i,int j){
    if(i==10)
        return 1;
    bool flag=0;
    if(map[i][j]){
        if(j==9)
            flag=dfs(i+1,1);
        else
            flag=dfs(i,j+1);
        return flag?1:0;
    }
    else{
        int k=3*((i-1)/3)+(j-1)/3+1;
        for(int x=1;x<=9;x++){//枚举数字1～9
            if(!row[i][x]&&!col[j][x]&&!grid[k][x]){
                map[i][j]=x;
                row[i][x]=1;
                col[j][x]=1;
```

```
                    grid[k][x]=1;
                    if(j==9)
                        flag=dfs(i+1,1);
                    else
                        flag=dfs(i,j+1);
                    if(!flag){ //回溯，继续枚举
                        map[i][j]=0;
                        row[i][x]=0;
                        col[j][x]=0;
                        grid[k][x]=0;
                    }
                    else
                        return 1;
                }
            }
        }
    return 0;
}
```

✏️ 训练2 小木棍

题目描述（**P1120**）：乔治有一些同样长的木棍，他把这些木棍随意砍成几段，直到每段小木棍的长度都不超过 50。他想把小木棍拼接成原木棍，但却忘记了自己最初有多少根木棍和它们的长度。给出每段小木棍的长度，通过编程帮他找出原木棍的最小可能长度。

输入：第 1 行为一个整数 n，表示小木棍的数量。第 2 行为 n 个整数，表示各个小木棍的长度 a_i。

输出：单行输出原木棍的最小可能长度。

输入样例	输出样例
9	6
5 2 1 5 2 1 5 2 1	

题解：本题由切割后的小木棍的长度推测原木棍的最小长度，可以枚举原木棍的最小长度，用回溯法搜索及剪枝优化可以解决。可以用拼接的方法反向推测，将现有的小木棍拼接成多个等长的原木棍。例如，1 2 3 4 最多可被拼接成两根等长木棍 4+1、3+2，原木棍的最小长度为 5。又如，5 2 1 5 2 1 5 2 1 最多可被拼接成 4 根等长木棍 5+1、5+1、5+1、2+2+2，原木棍的最小长度为 6。

1. 算法设计

（1）枚举长度。木棍的总长度为 sum，原木棍最长为 maxn。因为切割后的小木

棍最长为 maxn，所以原木棍的长度必然大于或等于 maxn。若原木棍只有一根，则原木棍的长度就是 sum。若原木棍多于一根，则原木棍的长度一定小于或等于 sum/2。从 maxn 到 sum/2，从小到大枚举所有可能的原木棍的长度，通过深度优先搜索尝试能否拼接成原木棍，若尝试成功，则当前枚举的长度就是原木棍的最小可能长度。

（2）组合顺序。将小木棍按长度从大到小排序，小木棍的长度不超过 50，因此用桶排序速度更快。因为短木棍比长木棍灵活性更好，所以首先考虑较长的木棍，然后将较短的木棍拼接成原木棍，更容易成功。就像往箱子里装东西，尽量首先装大的，然后用小的填补空隙，若首先把小的装进去，大的就可能装不下，或者装不满箱子。

（3）剪枝技巧。本题用了下面 4 个剪枝技巧。

- 剪枝技巧 1：从小到大枚举原木棍的长度，第 1 个满足条件的原木棍的长度必然是最短的。
- 剪枝技巧 2：原木棍是等长的，若木棍的总长度为 sum，原木棍的长度为 i，则 sum%i=0。
- 剪枝技巧 3：从大到小枚举小木棍的长度，首先枚举长的小木棍，将短的小木棍放后面更容易拼接成功。
- 剪枝技巧 4：组合新木棍时，在搜索完所有小木棍后，若已拼接长度为 0 或可以达到需要的长度，则返回上一层。

2. 算法实现

```
void dfs(int cnt,int len,int need,int mlen){ //待拼接数量，已拼接长度，需要的长度，枚举
                                             //最大长度

    if(cnt==0){    //已拼接完所有小木棍，输出结果
        printf("%d",need);
        exit(0); //退出程序
    }
    if(len==need){ //若当前已拼接长度等于需要的长度，则继续拼接下一根
        dfs(cnt-1,0,need,maxn);
        return ;
    }
for(int i=mlen;i>=minn;i--){ //从大到小枚举小木棍的长度，首先枚举长的，将短的放后面更容易
                             //拼接成功

        if(num[i] && i+len<=need){ //长度为 i 的小木棍数量不为 0，且 i+len 小于或等于需要
                                   //的长度
            num[i]--;              //长度为 i 的小木棍数量减 1
            dfs(cnt,len+i,need,i);
            num[i]++;              //还原
            if(len==0 || len+i==need) //若已拼接长度为 0 或可以达到需要的长度
                return ;
        }
```

```
    }
}

int main(){
    int n,x;
    scanf("%d",&n);
    for(int i=1;i<=n;i++){
        scanf("%d",&x);
        if(x>50) continue;  //忽略长度大于 50 的木棍
        sum+=x;
        num[x]++;  //桶排序，num[N]相当于 N 个桶，速度更快
        minn=min(x,minn);
        maxn=max(x,maxn);
    }
    for(int i=maxn;i<=sum/2;i++)  //从小到大枚举每一种可能的长度
        if(sum%i==0)
            dfs(sum/i,0,i,maxn);
    printf("%d",sum);
    return 0;
}
```

7.2 嵌套广度优先搜索

在广度优先搜索里面嵌套广度优先搜索的算法被称为"嵌套（或双重）广度优先搜索"。

📝 训练　推箱子

题目描述（**POJ1475**）：假设你站在一个由方格组成的二维迷宫里，这些方格可能被填满岩石，也可能没被填满岩石。你可以一步一个方格地往北、往南、往东或往西移动，这样的动作叫作"走"。在其中一个方格里有一个箱子，你可以站在箱子旁边，把箱子推到相邻的空白方格，这样的动作叫作"推"。除非推箱子，要么箱子不能移动，若把箱子推到了角落里，就再也不能把它从角落里推出来了。将其中一个空白方格标记为目标方格，你的任务是通过一系列走和推的动作，把箱子推到目标方格里。尽量减少推的次数，计算最佳的动作（走和推）序列。

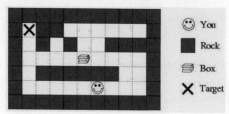

输入：输入多个测试用例。每个测试用例的第 1 行都为两个整数 r 和 c（均小于或等于 20），分别表示二维迷宫的行数和列数。接下来的 r 行，每行都为 c 个字符，每个字符都描述二维迷宫中的一个方格，用"#"表示被填满岩石的方格，用"."表示空白方格，用"S"表示箱子的初始位置，用"B"表示箱子的初始位置，用"T"表示目标方格。以输入两个 0 表示输入结束。

输出：对于输入的每个二维迷宫，都首先输出其编号。若无法将箱子推到目标方格，则输出"Impossible."，否则输出一个最小推送次数的序列。若有多个这样的序列，则请选择一个总移动（走和推）次数最少的序列。若仍然有多个这样的序列，则任何一个都可被接受。将序列输出为由 N、S、E、W、n、s、e 和 w 组成的字符串，大写字母均为推的动作，小写字母均为走的动作，N 和 n、S 和 s、E 和 e、W 和 w 分别表示北、南、东和西这 4 个方向。在每个测试用例之后都输出一个空行。

输入样例	输出样例

`1 7`
`SB....T`
`1 7`
`SB..#.T`
`7 11`
`###########`
`#T##......#`
`#.#.#..####`
`#....B....#`
`#.######..#`
`#.....S...#`
`###########`
`8 4`
`....`
`.##.`
`.#..`
`.#..`
`.#.B`
`.##S`
`....`
`###T`
`0 0`
	`Maze #1`
	`EEEEE`
	
	`Maze #2`
	`Impossible.`
	
	`Maze #3`
	`eennwwWWWWeeeeessswwwwwwnNN`
	
	`Maze #4`
	`swwwnnnnnneeessSSS`

题解：本题为推箱子问题，要求首先保证推箱子的次数最少，在此基础上再让人走的总步数最少。推箱子时，人只有站在箱子反方向的前一个位置，才可以将箱子推向下一个位置，如下图所示。很明显，图中的箱子无法向上移动，因为人无法到达箱子的下方。因此在推箱子时，不仅需要新位置没有岩石，还需要人能到达箱子反方向的前一个位置，在两者均能做到时，才会让人移动。

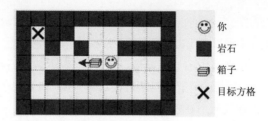

首先求解箱子到目标方格的最短路径（BFS1 算法），在推箱子的过程中，每推一步，都需要根据推的方向和箱子的位置得到箱子的前一个位置，再求解人到达这个位置的最短路径（BFS2 算法）。在 BFS1 算法里面嵌套了 BFS2 算法，属于嵌套广度优先搜索。

1. 算法设计

（1）定义一个标识数组 vis[][]并将其初始化为 0，即标识所有位置都未被访问。

（2）创建一个队列 q 维护箱子的状态，将人的初始位置(sx, sy)、箱子的初始位置(bx, by)和初始路径("")入队，标记箱子的位置 vis[bx][by]=1。

（3）若队列不为空，则队头元素 now 出队，否则返回 false。

（4）从箱子的当前位置开始，沿北、南、东和西 4 个方向扩展。

- 得到箱子的新位置：nbx=now.bx+dir[i][0]; nby=now.by+dir[i][1]。
- 得到箱子的前一个位置：tx=now.bx−dir[i][0]; ty=now.by−dir[i][1]。
- 若这两个位置有效，则通过 BFS2 算法搜索人到达箱子的前一个位置(tx, ty)的最短路径，并记录路径 path。若通过 BFS2 算法搜索成功，则判断是否达到目标方格，若是，则返回答案 ans=now.path+path+dpathB[i]；否则标记箱子的新位置被访问 vis[nbx][nby]=1，将人的新位置(now.bx,now.by)、箱子的新位置(nbx,nby)和已走过的路径(now.path+path+ dpathB[i])入队。

（5）转向第 3 步。

2. 算法实现

```
//通过 BFS2 算法搜索人到达箱子的前一个位置(tx,ty)的最短路径
bool bfs2(int ppx,int ppy,int bbx,int bby,int tx,int ty,string &path){
    int vis[25][25];//局部标识数组,不要定义全局
    memset(vis,0,sizeof(vis));//清零
    vis[ppx][ppy]=1;//人的位置
    vis[bbx][bby]=1;//箱子的位置
    queue<person> Q;
    Q.push(person(ppx,ppy,""));
    while(!Q.empty()){
        person now=Q.front();
        Q.pop();
```

```
        if(now.x==tx&&now.y==ty){//目标方格，即箱子的前一个位置
            path=now.path;
            return true;
        }
        for(int i=0;i<4;i++){
            int npx=now.x+dir[i][0];//人的新位置
            int npy=now.y+dir[i][1];
            if(check(npx,npy)&&!vis[npx][npy]){
                vis[npx][npy]=1;
                Q.push(person(npx,npy,now.path+dpathP[i]));
            }
        }
    }
    return false;
}
//通过 BFS1 算法搜索箱子到目标方格的最短路径
bool bfs1(){
    int vis[25][25];
    memset(vis,0,sizeof(vis));//清零
    vis[bx][by]=1;
    queue<node> q;
    q.push(node(sx,sy,bx,by,""));
    while(!q.empty()){
        node now=q.front();
        q.pop();
        for(int i=0;i<4;i++){
            int nbx=now.bx+dir[i][0];//箱子的新位置
            int nby=now.by+dir[i][1];
            int tx=now.bx-dir[i][0];//箱子的前一个位置
            int ty=now.by-dir[i][1];
            string path="";
            if(check(nbx,nby)&&check(tx,ty)&&!vis[nbx][nby]){
                if(bfs2(now.px,now.py,now.bx,now.by,tx,ty,path)){
                    if(mp[nbx][nby]=='T'){
                        ans=now.path+path+dpathB[i];
                        return true;
                    }
                    vis[nbx][nby]=1;
                    q.push(node(now.bx,now.by,nbx,nby,now.path+path+dpathB[i]));
                }
            }
        }
    }
    return false;
}
```

7.3 双向广度优先搜索

双向广度优先搜索指分别从初始状态和目标状态出发进行广度优先搜索，在中间交会时即搜索成功。从一个方向进行广度优先搜索时，分支数会随着深度的增加而快速增加，生成一棵大规模的搜索树。而双向广度优先搜索从两个方向搜索，生成两棵深度减半的搜索树，搜索速度更快。普通广度优先搜索和双向广度优先搜索如下图所示。

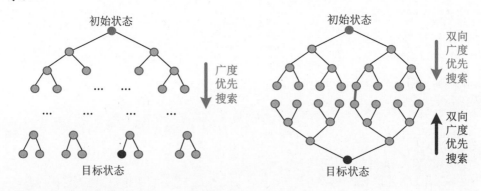

✏️ 训练 魔鬼 Ⅱ

题目描述（HDU3085）：小明做了一个噩梦，梦见自己和朋友小红分别被困在一个大迷宫里。更可怕的是，在迷宫里有两个魔鬼，他们会杀人。小明想知道他能否在魔鬼找到他们之前找到小红。小明和小红可以朝四个方向移动。小明每秒可以移动 3 步，小红每秒可以移动 1 步。魔鬼每秒都会分裂成几部分，这些部分占据两步之内的方格，直到占据整个迷宫。假设每秒都是魔鬼先分裂，然后小明和小红开始移动，小明或小红到达任意一个有魔鬼的方格就会死去（新的魔鬼也可以像原来的魔鬼一样分裂）。

输入：第 1 行为一个整数 T，表示测试用例的数量。每个测试用例的第 1 行都为两个整数 n 和 m（1<n,m<800），分别表示迷宫的行数和列数。接下来的 n 行，每行都为 m 个字符，字符 "." 表示一个空的方格，所有人都可以走；"X" 表示一堵墙，只有人不能走；"M" 表示小明；"G" 表示小红；"Z" 表示魔鬼，保证包含一个字母 M、一个字母 G 和两个字母 Z。

输出：若小明和小红能够见面，则单行输出见面的最短时间，否则输出-1。

输入样例	输出样例
3	1
5 6	1

```
XXXXXX                          -1
XZ..ZX
XXXXXX
M.G...
......
5 6
XXXXXX
XZZ..X
XXXXXX
M.....
..G...

10 10
..........
..X.......
..M.X...X.
X.........
.X..X.X.X.
.........X
..XX...X.
X....G...X
...ZX.X...
...Z..X..X
```

题解：已知起点（小明）、终点（小红），两者在中间遇到即见面成功，可以用双向广度优先搜索解决问题。用双向广度优先搜索时需要创建两个队列，分别从小明的初始位置、小红的初始位置开始，轮流进行广度优先搜索。在本题中，小明每次都可以移动 3 步，小红每次都可以移动 1 步，因此在每一轮循环中，小明都扩展 3 层，小红都扩展 1 层。在扩展时，需要检查扩展的新位置与魔鬼之间的距离，判断该位置是否会被魔鬼的分裂所波及。

1. 算法设计

（1）定义两个队列 q[0]、q[1]，分别将小明的初始位置 mm 和小红的初始位置 gg 入队，秒数 step=0。

（2）若两个队列均不为空，则执行第 3 步，否则返回–1。

（3）step++，小明移动 3 步，若搜索到小红的位置，则返回 true；否则小红移动 1 步，若搜索到小明的位置，则返回 true。若在两个方向搜索时发现有一个方向为 true，则返回 step，否则转向第 2 步。

2. 算法实现

```
int solve(){
    while(!q[0].empty()) q[0].pop();//清空队列
    while(!q[1].empty()) q[1].pop();
```

```
    q[0].push(mm);
    q[1].push(gg);
    step=0;
    while(!q[0].empty()&&!q[1].empty()){
        step++;
        if(bfs(0,3,'M','G')||bfs(1,1,'G','M'))
            return step;
    }
    return -1;
}

bool check(int x,int y){
    if(x<0||y<0||x>=n||y>=m||mp[x][y]=='X') return false;
    for(int i=0;i<2;i++)
        if(abs(x-zz[i].x)+abs(y-zz[i].y)<=2*step) return false;
    return true;
}

int bfs(int t,int num,char st,char ed){
    queue<node> que=q[t];
    for(int k=0;k<num;k++){
        while(!que.empty()){
            node now=que.front();
            que.pop();
            q[t].pop();
            if(!check(now.x,now.y)) continue;
            for(int j=0;j<4;j++){
                int fx=now.x+dir[j][0];
                int fy=now.y+dir[j][1];
                if(!check(fx,fy)||mp[fx][fy]==st) continue;
                if(mp[fx][fy]==ed)
                    return true;
                mp[fx][fy]=st;
                q[t].push(node(fx,fy));
            }
        }
        que=q[t];
    }
    return false;
}
```

7.4 启发式搜索

　　尽管广度优先搜索、深度优先搜索再加上有效的剪枝方法，可以解决很多问题，但这两种搜索方式都是盲目的，不管目标在哪里，只管按照自己的方式搜索，会存在很多无效搜索。有没有一种启发式搜索算法，可以启发程序朝着目标搜索，从而提高搜索效率呢？

启发式搜索算法会对每种搜索状态都进行评估，选择估值最好的状态，从该状态进行搜索直到找到目标。如何对一种状态进行评估呢？一种状态的当前代价最小，只能说明从初始状态到当前状态的代价最小，并不代表总的代价最小，因为余下的路还很长，未来的代价有可能更大。所以评估状态需要考虑两种因素：当前代价和未来估价。

评估函数 $f(x)$：$f(x)=g(x)+h(x)$，其中，$g(x)$表示从初始状态到当前状态 x 的代价，$h(x)$表示从当前状态到目标状态的估价，$h(x)$被称为"启发函数"。

常用的启发式搜索算法有很多，例如 A*算法、IDA*算法、模拟退火算法、蚁群算法、遗传算法等。

7.4.1　A*算法

A*算法是带有评估函数的优先队列式广度优先搜索算法。在进行广度优先搜索时维护一个优先队列，每次都从优先队列中取出评估值最优的状态进行扩展。第 1 次从优先队列中取出目标状态即可得到最优解。A*算法提高搜索效率的关键在于启发函数的设计，不同启发函数的搜索效率是不同的。启发函数 $h(x)$越接近从当前状态到目标状态的实际代价 $h'(x)$，A*算法的效率就越高。启发函数的估值不能超过实际代价，即 $h(x) \leqslant h'(x)$。

若启发函数的估值超过实际代价，则失去意义。例如，若从当前节点到目标的实际最短距离为 30，当前节点的启发函数估值为 50，另一个节点的启发函数估值为 100，则在两个节点已走过路径长度 $g(x)$相同的情况下，不能说明当前节点就一定比另一个节点优，也没有比较的意义，因为两个都不优。

若令所有状态的 $h(x)$都为 0，则退化为普通的优先队列式广度优先搜索算法，不再有启发式搜索的作用。

7.4.2　IDA*算法

IDA*算法是带有评估函数的迭代加深深度优先搜索算法。深度优先搜索有可能"跌入一个无底深渊"，搜索了很多步也无法找到目标，因此要对搜索深度加以限制，超过搜索深度便不再搜索，立即回溯。迭代加深深度优先搜索算法是深度优先搜索算法的一种变形，事先限定一个搜索深度 depth，在不超过该深度的情况下进行深度优先搜索，若找不到解，则增加搜索深度限制，重新进行搜索，直到找到目标。IDA*算法设置了一个评估函数 $f(x)$，$f(x)$=当前深度+未来估计步数，当 $f(x)$>depth 时立即回溯，避免无效搜索，提高效率。在很多情况下，IDA*算法的效率更高，代码更少。

训练 1　八数码问题

题目描述（**HDU1043**）：编写一个程序来解决八数码问题。八数码由 3×3 的方格排列组成。对每个方格都用一个 1～8 的数字表示，其中一个方格丢失，称之为“x”。拼图的目的是使方格按下图所示的顺序排列。

1	2	3
4	5	6
7	8	x

其中唯一合理的操作是将 x 与相邻的方格之一交换。下图所示的移动序列使一个稍微混乱的方格排列变得有序。

1	2	3
x	4	6
7	5	8

r →

1	2	3
4	x	6
7	5	8

d →

1	2	3
4	5	6
7	x	8

r →

1	2	3
4	5	6
7	8	x

上图所示的箭头上的小写字母表示在每个步骤中将与 x 相邻的哪个方格与 x 交换；合理的小写字母为 r、l、u、d，分别表示右、左、上、下。

输入：输入多个测试用例，描述初始位置的方块列表，从上向下列出行，在一行中从左向右列出方块，其中的方格由数字 1～8 加上 x 表示。例如以下拼图：

```
1 2 3
x 4 6
7 5 8
```

由以下列表描述：

```
1 2 3 x 4 6 7 5 8
```

输出：若没有答案，则输出“unsolvable”，否则输出由小写字母 r、l、u、d 组成的字符串，描述产生答案的一系列移动方式。字符串不应包含空格，并且从行首开始输出。

输入样例	输出样例
2 3 4 1 5 x 7 6 8	ullddrurdllurdruld

题解：本题为八数码问题，包含多个测试用例，同一题目的 POJ1077 数据较少，

只有 1 个测试用例。要求通过 x 从上、下、左、右四个方向移动，通过最少的步数达到目标状态。

> **！注意** 本题答案不唯一，有任意一个正确答案均可，可以通过 A*算法、IDA* 算法或打表解决。

1. 用 A*算法解决八数码问题

对本题用康托展开判断重复状态，以当前状态和目标状态的曼哈顿距离作为启发函数，评估函数=已走过的步数+启发函数，评估函数值越小越优先。从初始状态开始，通过优先队列式广度优先搜索达到目标状态。

1）预处理

首先将字符串读入，例如(1,2,3,x,4,6,7,5,8)，然后将 x 转换为数字 8，将其他字符 1～8 转换为数字 0～7。转换后的棋盘如下图所示。用 start.x 记录 x 所在位置的下标，方便以后移动。

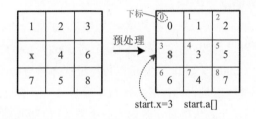

2）可解性判断

把除 x 外的所有数字排成一个序列，求序列的逆序对数。逆序对数指对于第 i 个数字，后面有多少个数字比它小。例如，对于(1,2,3,x,4,6,7,5,8)，6 后面有一个数字 5 比它小，6 和 5 是一个逆序对，7 后面有一个数字 5 比它小，7 和 5 是一个逆序对，该序列共有两个逆序对。数码问题可以被看作 $N×N$ 的棋盘，八数码问题 $N=3$，十五数码问题 $N=4$。对于每次交换操作，左、右交换都不改变逆序对数，上、下交换时逆序对数增加（$N-1$）、减少（$N-1$）或不变。

- N 为奇数时：上、下交换时每次增加或减少的逆序对数都为偶数，因此每次移动逆序对数，奇、偶性不变。若初始状态的逆序对数与目标状态的逆序对数的奇、偶性相同，则有解。
- N 为偶数时：上、下交换时每次增加或减少的逆序对数都为奇数，上、下交换一次，奇、偶性改变一次。因此需要计算初始状态和目标状态 x 相差的行数 k，若初始状态的逆序对数加上 k 与目标状态的逆序对数的奇、偶性相同，则有解。

八数码问题 $N=3$，若初始状态的逆序对数与目标状态的逆序对数的奇、偶性相同，则有解。本题目标状态的逆序对数为 0，因此初始状态的逆序对数必须为偶数才有解。

> ⚠️ **注意** 统计逆序对数时 x 除外。

算法代码：

```
bool check(node s){//判断是否有解（初始状态的逆序对数为偶数）
    int cnt=0;
    for(int i=0;i<9;i++){
    if(s.a[i]==8) continue;
    for(int j=i+1;j<9;j++)
            if(s.a[j]<s.a[i]) cnt++;
    }
    if(cnt%2) return 0;
    return 1;
}
```

3）用康托展开判断重复状态

在 A*算法中，对每种状态只需在其第一次出队时扩展一次。如何判断这种状态是否扩展过了呢？可以设置散列函数或用 STL 中的 map()、set()等方法。有一个很好的散列方法是"康托（cantor）展开"，它可以将每种状态都与 0～(9!-1)的整数建立一一映射，快速判断一种状态是否已扩展。状态是数字 0～8 的全排列，共有 362 880个。将所有排列都按照从小到大的顺序映射为一个整数（位序），将最小的整数 012 345 678 映射为 0，将最大的整数 876 543 210 映射为 362 880-1，如下图所示。

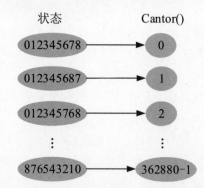

若用排序算法，则最快 $O(n!\log(n!))$，其中 $n=9$。而用康托展开可以在 $O(n^2)$时间内将一种状态映射为这个整数。康托展开是怎么计算的呢？例如求 2031 在{0,1,2,3}全排列中的位序，其实就是计算 2031 前面的排列有多少，可以按位统计，如下所述。

- 第 0 位的数字 2：在 2031 中，2 后面比 2 小的有 2 个数字 1 和 0。以 0 开头，其他 3 个数字全排列有 3!个，即(0123,0132,0213,0231,0312,0321)；以 1 开头，

其他 3 个数字全排列有 3!个，即(1023,1032,1203,1230,1302,1320)。因此排在以 2 开头的数字之前的共有 2×3!个数字。

- 第 1 位的数字 0：在 2031 中，0 后面没有比 0 小的数字。
- 第 2 位的数字 3：在 2031 中，3 后面比 3 小的有 1 个数字{1}，前两位 2 和 0 已确定，以 1 开头，剩余 1 个数字的全排列有 1!个数字，即 2013。排在 3 之前的共有 1×1!个数字。
- 第 3 位的数字 1：在 2031 中，1 后面没有比 1 小的数字。

因此 2031 的位序为 2×3!+1=13。

位序计算公式为 $code=\sum_{i=0}^{n-1} cnt[i]\times(n-i-1)!$，其中，$cnt[i]$ 为 $a[i]$ 后面比 $a[i]$ 小的数字的数量，n 为数字的数量。

八数码问题包含 0~8 共 9 个数字，首先求出 0~8 的阶乘并将其保存到数组中，然后统计在每一个数字后面有多少个数字比它小，累加 cnt*fac[8−i]即可得到该状态的位序。状态与位序之间是一一映射的，无须处理散列表的冲突问题。

算法代码：

```
fac[0]=1;
for(int i=1;i<9;i++) fac[i]=fac[i-1]*i;
int cantor(node s){//用康托展开判断重复状态
    int code=0;
    for(int i=0;i<9;i++){
        int cnt=0;
        for(int j=i+1;j<9;j++)
            if(s.a[j]<s.a[i]) cnt++;
        code+=cnt*fac[8-i];
    }
    return code;
}
```

4）曼哈顿距离

A*算法的启发函数有多种设计方法，可以选择当前状态与目标状态位置不同的数字的数量，也可以选择当前状态的逆序对数（目标状态的逆序对数为 0），还可以选择当前状态与目标状态的曼哈顿距离。本题选择当前状态和目标状态的曼哈顿距离作为启发函数。曼哈顿距离又被称为"出租车距离"，指行、列差的绝对值之和，即从一个位置到另一个位置的最短距离。例如，从 A 点到 B 点，无论是先走行后走列，还是先走列后走行，走的距离都为行、列差的绝对值之和。如下图所示，A 和 B 的曼哈顿距离为 2+1=3。

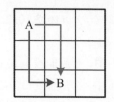

求当前状态与目标状态的曼哈顿距离时，需要首先将两种状态的数字的位置下标转换为行、列，然后求行、列差的绝对值之和。例如，当前状态和目标状态如下图所示，将位置下标 i 转换为行($i/3$)且转换为列($i\%3$)。当前状态的数字 4 的位置下标为 7，转换为 7/3 行、7%3 列，即 2 行、1 列。目标状态的数字 4 的位置下标为 4，转换为 4/3 行、4%3 列，即 1 行、1 列。两个位置的曼哈顿距离为|2−1|+|1−1|=1。

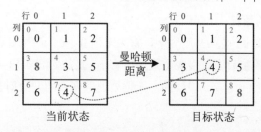

当前状态　　　　　　　　　　目标状态

除了 8（x 方格），还需要计算当前状态和目标状态中每个位置下标的曼哈顿距离之和。计算曼哈顿距离时为什么不需要计算 8（x 方格）？因为其他数字都是通过与方格交换达到目标状态的。例如在下图中，当前状态只有数字 7，与目标状态的数字 7 位置不同，差一个曼哈顿距离，与 x 方格交换一次，7 即可归位。当所有数字都与目标状态的位置相同时，x 方格自然到了它应该在的位置。若计算 8（x 方格）的曼哈顿距离，则当前状态和目标状态的曼哈顿距离为 2，很明显是错误的，进行一次交换就可以达到目标状态。

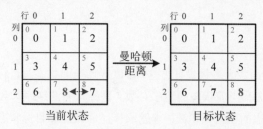

当前状态　　　　　　　　　　目标状态

算法代码：

```
int h(node s){//启发函数，曼哈顿距离（行、列差的绝对值之和）
    int cost=0;
    for(int i=0;i<9;i++){
        if(s.a[i]!=8)
            cost+=abs(i/3-s.a[i]/3)+abs(i%3-s.a[i]%3);
```

```
    }
    return cost;
}
```

算法步骤：

（1）创建一个优先队列，将评估函数 f(t)=g(t)+h(t)作为优先队列的优先级，g(t)为已走过的步数，h(t)为当前状态与目标状态的曼哈顿距离，f(t)值越小越优先。计算初始状态的启发函数 h(start)，计算初始状态的康托展开值 cantor(start)并标记其已访问，初始状态入队。

（2）若队列不为空，则队头元素 t 出队，否则算法结束。

（3）计算康托展开值 k_s=cantor(t)，从 t 出发沿 4 个方向扩展。

计算 x 新位置的行、列值。

```
int row=t.x/3+dir[i][0];//行
int col=t.x%3+dir[i][1];//列
int newx=row*3+col;//转换为下标
```

例如，如下图所示，当前状态 x（数字 8）的位置 t.x=3，将其转换为 3/3=1 行、3%3=0 列，向右移动一格后，x 的新位置为 1 行、1 列，转换为下标 4。

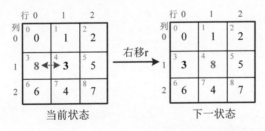

当前状态　　　　　　　　下一状态

若新位置超出边界，则继续下一循环，否则令新、旧位置上的数字交换，记录新状态 x 的位置。计算新状态的评估函数，nex.g++; nex.h=h(nex); nex.f=nex.g+nex.h;，计算新状态的康托展开值 k_n=cantor(nex)，若该状态已被访问，则继续下一循环；否则标记其已访问并入队。

```
pre[k_n]=k_s; //记录新状态的前驱，康托展开值唯一标识该状态
ans[k_n]=to_c[i]; //记录移动方向字符
```

若 k_n=0，则说明已找到目标（目标状态的康托展开值为 0），返回。

算法代码：

```
void Astar(){
    int k_s,k_n;
    priority_queue<node>q;
    while(!q.empty()) q.pop();
    memset(vis,0,sizeof(vis));
    start.g=0;start.f=start.h=h(start);
```

```
vis[cantor(start)]=1;
q.push(start);
while(!q.empty()){
    node t=q.top();
    q.pop();
    k_s=cantor(t);
    for(int i=0;i<4;i++){
        nex=t;
        int row=t.x/3+dir[i][0];
        int col=t.x%3+dir[i][1];
        int newx=row*3+col;//转换为下标
        if(row<0||row>2||col<0||col>2) continue;
        swap(nex.a[t.x],nex.a[newx]);
        nex.x=newx;
        nex.g++;
        nex.h=h(nex);
        nex.f=nex.g+nex.h;
        k_n=cantor(nex);
        if(vis[k_n]) continue;
        vis[k_n]=1;
        q.push(nex);
        pre[k_n]=k_s;
        ans[k_n]=to_c[i];
        if(k_n==0) return;
    }
}
}
```

2. 用 IDA*算法解决八数码问题

IDA*算法是带有评估函数的迭代加深深度优先搜索算法，本题设计评估函数 $f(t)=g(t)+h(t)$，$g(t)$ 为已走过的步数，$h(t)$ 为当前状态与目标状态的曼哈顿距离。

算法步骤：

（1）从 depth=1 开始进行深度优先搜索。

（2）计算当前状态与目标状态的曼哈顿距离 $t=h()$，若 $t=0$，则说明已找到目标，ans[d]='\0'，返回 1。若 $d+t>depth$，则返回 0。

（3）从当前状态出发，沿 4 个方向扩展。

（4）若没有找到目标，则增加搜索深度，++depth，继续搜索。

算法代码：

```
bool dfs(int x,int d,int pre){
    int t=h();
    if(!t){
        ans[d]='\0';
```

```
        return 1;
    }
    if(d+t>depth) return 0;
    for(int i=0;i<4;i++){
        int row=x/3+dir[i][0];
        int col=x%3+dir[i][1];
        int newx=row*3+col;//转换为数字
        if(row<0||row>2||col<0||col>2||newx==pre) continue;
        swap(a[newx],a[x]);
        ans[d]=str[i];
        if(dfs(newx,d+1,x)) return 1;
        swap(a[newx],a[x]);
    }
    return 0;
}

void IDAstar(int x){
    depth=0;
    while(++depth){
        if(dfs(x,0,-1))
            break;
    }
}
```

　　IDA*算法优化算法：上面的 IDA*算法的搜索深度从 1 开始，每次都增加 1，这样搜索的速度不快。其实可以从初始状态与目标状态的曼哈顿距离开始搜索，每次都增加上一次搜索失败的最小搜索深度，从而提高搜索效率。题目 HDU1043 的提交运行时间在优化前为 202ms，在优化后为 124ms。

　　算法步骤：

　　（1）从 depth=h()开始进行深度优先搜索。

　　（2）计算当前状态与目标状态的曼哈顿距离 t=h()，若 t=0，则说明已找到目标，ans[d]='\0'，返回 1。若 d+t>depth，则更新 mindep=min(mindep,d+t)，返回 0。

　　（3）从当前状态出发，沿 4 个方向扩展。

　　（4）若没有找到目标，则增加搜索深度，depth=mindep，继续搜索。

　　算法代码：

```
bool dfs(int x,int d,int pre){
    int t=h();
    if(!t){
        ans[d]='\0';
        return 1;
    }
    if(d+t>depth){
```

```
            mindep=min(mindep,d+t);
            return 0;
        }
    for(int i=0;i<4;i++){
        int row=x/3+dir[i][0];
        int col=x%3+dir[i][1];
        int newx=row*3+col;//转换为数字
        if(row<0||row>2||col<0||col>2||newx==pre) continue;
        swap(a[newx],a[x]);
        ans[d]=to_c[i];
        if(dfs(newx,d+1,x)) return 1;
        swap(a[newx],a[x]);
    }
    return 0;
}

void IDAstar(int x){
    depth=h();
    while(1){
        mindep=inf;
        if(dfs(x,0,-1))
            break;
        depth=mindep;
    }
}
```

3. 用打表解决八数码问题

打表是一种典型的用空间换时间的技巧，一般指将所有可能用到的结果都事先计算出来，在后面需要用到时可以直接查表。当所有的可能状态都不多时，用打表解决问题的速度更快。从目标状态开始进行广度优先搜索，反向搜索所有状态，记录该状态的前驱及方向字符。记录方向字符时，因为是倒推的，所以左移相当于从前一状态到目标状态的右移，因此方向字符为 r，如下图所示。

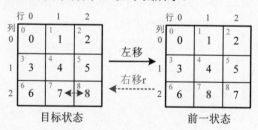

对每种状态都将康托展开值作为唯一标识，若求解如何从某种状态达到目标状态，则可以直接根据该状态的前驱数组找到目标状态。若初始状态没被标记过，则说明从该状态无法达到目标状态。

算法代码：

```
void get_all_result(){//用打表求解所有答案
  int k_s,k_n;
  memset(vis,0,sizeof(vis));
  for(int i=0;i<9;i++)
    st.a[i]=i;
  st.x=8;
  vis[cantor(st)]=1;
  q.push(st);
  while(!q.empty()){
    node t=q.front();
    q.pop();
    k_s=cantor(t);
    for(int i=0;i<4;i++){
      node nex=t;
      int row=t.x/3+dir[i][0];
      int col=t.x%3+dir[i][1];
      int newx=row*3+col;//转换为下标
      if(row<0||row>2||col<0||col>2) continue;
      nex.a[t.x]=t.a[newx];
      nex.a[newx]=8;
      nex.x=newx;
      k_n=cantor(nex);
      if(vis[k_n]) continue;
      vis[k_n]=1;
      q.push(nex);
      pre[k_n]=k_s;
      ans[k_n]=to_c[i];
    }
  }
}
```

以上 4 种算法的比较如下表所示。

算法	搜索策略	题 目	运行时间	占用内存空间
A*算法	康托展开+曼哈顿距离+优先队列广度优先搜索	HDU1043	733ms	6.9MB
IDA*算法	曼哈顿距离+迭代加深深度优先搜索	HDU1043	202ms	1.2MB
IDA*优化算法	曼哈顿距离+迭代加深深度优先搜索	HDU1043	124ms	1.2MB
打表	康托展开+广度优先搜索	HDU1043	93ms	5.6 MB

训练 2　第 k 短路径

题目描述（**POJ2449**）：给定一个有向图，有 n 个节点、m 条边。求从源点 s 到终点 t 的第 k 短路径。路径可能包含两次或两次以上的同一节点，甚至是 s 或 t。具有相同长度的不同路径将被视为不同。

输入：第 1 行为两个整数 n 和 m（$1 \leq n \leq 1000$，$0 \leq m \leq 100\ 000$）。节点编号为 1～n。以下 m 行中的每一行都为 3 个整数 a、b 和 t（$1 \leq a, b \leq n$，$1 \leq t \leq 100$），表示从 a 到 b 有一条直达的路径，需要时间 t。最后一行为 3 个整数 s、t 和 k（$1 \leq s$，$t \leq n$，$1 \leq k \leq 1000$）。

输出：单行输出第 k 短路径的长度。若不存在第 k 短路径，则输出−1。

输入样例	输出样例
2 2	14
1 2 5	
2 1 4	
1 2 2	

题解：本题求第 k 短路径。若用优先队列式广度优先搜索算法，则记录当前节点 v 和源点 s 到当前节点 v 的最短路径长度(v, dist)。首先将(s, 0)入队，然后每次都从优先队列中取出 dist 值最小的二元组(x, dist)，对当前节点 x 的每一个邻接点 y 都进行扩展，将新的二元组(y, dist+$w(x, y)$)入队。第 1 次从优先队列中取出(x, dist)时，就得到从源点 s 到当前节点 x 的最短路径长度 dist。在第 i 次从优先队列中取出(x, dist)时，就得到从源点 s 到当前节点 x 的第 i 短路径长度 dist。

实际上，从源点 s 到当前节点 x 的最短路径长度最小，并不代表经过当前节点 x 就能够得到从源点 s 到终点 t 的最短路径长度，因为余下的路有可能很长，并不知道从当前节点 x 到终点 t 的最短路径长度是多少。因此可以考虑用 A*算法，设置评估函数 f(x)=g(x)+h(x)，其中 g(x)表示从源点 s 到当前节点 x 的最短路径长度，h(x)表示从当前节点 x 到终点 t 的最短路径长度。将 f(x)作为优先队列的优先级，其值越小，得到从源点到终点的最短路径的可能性越大。

1. 算法设计

（1）在原图的反向图中，用 Dijkstra 算法求出从终点 t 到当前节点 x 的最短路径长度 dist[x]。实际上，dist[x]就是原图中从当前节点 x 到终点 t 的最短路径长度。

（2）若 dist[s]=inf，则说明从源点无法到达终点，返回−1，算法结束。

（3）在原图中用 A*算法求解。用三元组(v, g, h)记录状态，第 1 个参数为当前节点编号，后两个参数分别代表从源点到当前节点的最短路径长度和从当前节点到终点的最短路径长度。优先级为 $g+h$，其值越小，优先级越高。初始时，将(s, 0, 0)加入优先队列。

（4）若队列不为空，则队头元素 p 出队，$u=p.v$，节点 u 的访问次数加 1，即 times[u]++。若 u 正好是终点且访问次数为 k，则返回最短路径长度 $p.g+p.h$，算法结束。

（5）若 times[u]>k，则不再扩展，否则扩展节点 u 的所有邻接点 E[i].v，将(E[i].v, $p.g$+E[i].w, dist[E[i].v])入队。

2. 算法实现

```
int Astar(int s,int t){
    if(dist[s]==inf) return -1;
    memset(times,0,sizeof(times));
    priority_queue<point> Q;
    Q.push(point(s,0,0));
    while(!Q.empty()){
        point p=Q.top();
        Q.pop();
        int u=p.v;
        times[u]++;
        if(times[u]==k&&u==t)
            return p.g+p.h;
        if(times[u]>k)
            continue;
        for(int i=head[u];~i;i=E[i].nxt)
            Q.push(point(E[i].v,p.g+E[i].w,dist[E[i].v]));
    }
    return -1;
}
```

第8章

动态规划提高

8.1 树形动态规划

在树形结构上实现的动态规划叫作"树形动态规划",简称"树形 DP"。动态规划自身是多阶段决策问题,而树形结构有明显的层次性,正好对应动态规划的多个阶段。树形动态规划一般自底向上求解,将子树从小到大作为动态规划的"阶段",将节点编号作为动态规划状态的第 1 维,代表以该节点为根的子树。树形动态规划一般通过深度优先遍历递归求解每棵子树,回溯时从孩子向上进行状态转移。在当前节点的所有子树都求解完毕后,才可以求解当前节点。

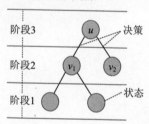

✏️ 训练 1　战略游戏

题目描述(POJ1463):鲍勃喜欢玩战略游戏,但他有时找不到足够快的解决方案。现在他必须保卫一座中世纪城市,城市的道路形成树形结构。他必须把最少数量的士兵放在节点上,才可以观察到所有道路。请帮助鲍勃找到要放的最少士兵数。例如,对下图所示的树形结构,解决方案是放 1 个士兵(放在节点 1 处)。

输入：输入多个测试用例。每个测试用例的第 1 行都为节点数 n（$0 < n \leqslant 1500$）；接下来的 n 行，每行的描述格式都为"节点编号:(道路数)节点编号 1 节点编号 2……"或"节点编号:(0)"。节点编号为 $0 \sim n-1$，每个节点连接的道路数都不超过 10。每条道路在输入数据中都只出现一次。

输出：对于每个测试用例，都单行输出要放的最小士兵数。

输入样例	输出样例
4	1
0:(1) 1	2
1:(2) 2 3	
2:(0)	
3:(0)	
5	
3:(3) 1 4 2	
1:(1) 0	
2:(0)	
0:(0)	
4:(0)	

题解：对输入样例 1 的数据解释如下，其对应的树形结构如题目描述中的树。

```
4 //节点数为 4
0:(1) 1 //节点 0 连接 1 条道路，道路的另一端节点为 1，即 0-1 有 1 条道路
1:(2) 2 3 //节点 1 连接两条道路，道路的另一端节点分别为 2、3，即 1-2、1-3 分别有 1 条道路
2:(0) //节点 2 连接 0 条道路
3:(0) //节点 3 连接 0 条道路
```

1. 算法设计

状态表示：

- dp[u][0]表示在节点 u 不放士兵时，以节点 u 为根的子树放的最少士兵数；
- dp[u][1]表示在节点 u 放士兵时，以节点 u 为根的子树放的最少士兵数。

状态转移方程：

- 若在节点 u 不放士兵，则在它的所有孩子 v 处都需要放士兵，dp[u][0]+= dp[v][1]。
- 若在节点 u 放士兵，则在它的所有孩子 v 处都既可以放士兵，也可以不放士兵，取两种情况的最小值，dp[u][1]+=min(dp[v][0], dp[v][1])。

边界条件：dp[u][0]=0, dp[u][1]=1。

求解目标：min(dp[root][0], dp[root][1])，root 为根。

2. 算法实现

本题为典型的树形动态规划问题，进行一次深度优先搜索即可解决。

```
int val[N],dp[N][2],fa[N],n;
```

```
vector<int>E[N];
void dfs(int u){
    dp[u][0]=0;
    dp[u][1]=1;
    for(int i=0;i<E[u].size();i++){
        int v=E[u][i];
        dfs(v);
        dp[u][1]+=min(dp[v][1],dp[v][0]);
        dp[u][0]+=dp[v][1];
    }
}

int main(){
    while(~scanf("%d",&n)){
        for(int i=0;i<n;i++)
            E[i].clear();
        memset(fa,-1,sizeof(fa));
        memset(dp,0,sizeof(dp));
        for(int i=0;i<n;i++){
            int a,b,m;
            scanf("%d:(%d)",&a,&m);
            while(m--){
                scanf("%d",&b);
                E[a].push_back(b);
                fa[b]=a;
            }
        }
        int rt=0;
        while(fa[rt]!=-1) rt=fa[rt];
        dfs(rt);
        printf("%d\n",min(dp[rt][1],dp[rt][0]));
    }
    return 0;
}
```

训练2 工人请愿书

题目描述（UVA12186）：公司有一个严格的等级制度，除了大老板，每个员工都只有一个老板（直接上司）。不是其他员工老板的员工都被称为"工人"，其余的员工和老板都被称为"老板"。工人要求加薪时，应向其老板提交请愿书。若有至少 T% 的直接下属提交请愿书，则该老板会有压力并向自己的老板提交请愿书。每个老板最多向自己的老板提交一份请愿书。老板仅通过统计他的直接下属的请愿书数量来计算压力百分比。当一份请愿书被提交给公司大老板时，所有人的工资都会增加。请找出为使大老板收到请愿书必须提交请愿书的最少工人数。

输入：输入几个测试用例。每个测试用例都包含两行，第 1 行为两个整数 n 和 T （$1 \leqslant n \leqslant 10^5$，$1 \leqslant T \leqslant 100$），$n$ 表示公司的工人数（不包括大老板），T 是上面描述的参数。每个工人的编号都为 $1 \sim n$，大老板的编号为 0；第 2 行包含整数列表，列表中的位置 i（从 1 开始）为整数 b_i（$0 \leqslant b_i \leqslant i-1$），表示工人 i 的老板的编号。在最后一个测试用例后面包含两个 0。

输出：对于每个测试用例，都单行输出为使大老板收到请愿书必须提交请愿书的最少工人数。

输入样例	输出样例
3 100	3
0 0 0	2
3 50	5
0 0 0	
14 60	
0 0 1 1 2 2 2 5 7 5 7 5 7 5	
0 0	

题解：本题求解至少有多少个工人提交请愿书，大老板才可以收到请愿书。对任意一个节点 u，若其直接下属有 k 个，则至少有 $\lceil k \times T\% \rceil$ 的直接下属提交请愿书时，其才会向上一级提交请愿书。例如，当前节点有 10 个直接下属，$k=10$，$T=72$，$k \times T/100=7.2$，$c=\lceil 7.2 \rceil=8$，至少需要 8 个直接下属提交请愿书，当前节点才会向直接上司提交请愿书。

1. 算法设计

本题求解提交请愿书的最少工人数。因为求解以节点 u 为根的子树中提交请愿书的最少工人数时，节点 u 的子树中提交请愿书的工人数越少越好，所以可以将节点 u 的孩子按照提交请愿书的工人数从小到大排序，选择前 c 个孩子并累加其提交请愿书的工人数。

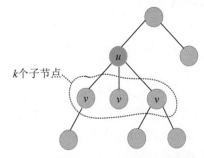

状态表示：dp[u] 表示让节点 u 向自己的老板提交请愿书，至少需要多少个工人提交请愿书。

状态转移方程：对于节点 u 的孩子 v，将 dp[v] 从小到大排序，累加前 c 个，$c=$

$\lceil k \times T\% \rceil$，dp[u]+=sum(dp[v])。

边界条件：若节点 u 为叶子，dp[u]=1。

求解目标：dp[root]，root 为根。

2. 取整问题

本题涉及向上取整，可以用通用公式 $\lceil N/M \rceil = (N-1)/M+1$ 向上取整。

$c = \lceil k \times T\% \rceil = \lceil k \times T/100 \rceil = (k \times T-1)/100+1$。

3. 算法实现

可以用返回值的方式实现，省略 dp[] 数组。

```cpp
vector<int> E[100005];
int n,T;
int dfs(int u){
    if(E[u].size()==0) return 1;
    int k=E[u].size();
    vector<int> d;
    for(int i=0;i<k;i++)
        d.push_back(dfs(E[u][i]));
    sort(d.begin(),d.end());
    int c=(k*T-1)/100+1,ans=0;//也可以用c=ceil(k*T/100.0)
    for(int i=0;i<c;i++)
        ans+=d[i];
    return ans;
}
```

8.2 状态压缩动态规划

在动态规划的状态设计中，若状态是一个集合，例如 $S=\{1,0,1,1,0\}$，则表示第 1、2、4 个节点被选中（从右向左对应 0~4）。若集合的大小不超过 N，则集合中的每个元素都是小于 K 的正整数，可以把这个集合看作一个 N 位 K 进制数，将一个 $[0, K^N-1]$ 的十进制整数作为动态规划状态。可以将 $S=\{1,0,1,1,0\}$ 看作一个 5 位二进制数 10110，其对应的十进制数为 22。

这种将集合作为整数记录状态的算法叫作"状态压缩动态规划"，简称"状态压缩 DP"或"状压 DP"。在状态压缩动态规划中，状态的设计直接决定了程序的效率或者代码长度。我们需要积累经验，根据具体问题分析本质，才能找出更恰当的状态表示、状态转移方程和边界条件。

尽管用了一个十进制数存储二进制状态，但因为操作系统是二进制的，所以在编译器中也可以用位运算解决这个问题。在状态压缩动态规划中广泛应用了位运算，常见的位运算如下。

（1）与：&，表示按位与运算，两个都是 1 才是 1。$x \& y$ 表示首先将两个十进制数 x、y 在二进制下按位与运算，然后返回其十进制下的值。例如 3(11)&2(10)=2(10)。

（2）或：|，表示按位或运算，有一个是 1 就是 1。$x|y$ 表示首先将两个十进制数 x、y 在二进制下按位或运算，然后返回其十进制下的值。例如 3(11)|2(10)=3(11)。

（3）异或：^，表示按位异或运算，两个不相同时才是 1。$x \wedge y$ 表示首先将两个十进制数 x、y 在二进制下按位异或运算，然后返回其十进制下的值。例如 3(11)^2(10)=1(01)。

（4）左移：<<，表示左移操作。$x<<2$ 表示首先将 x 在二进制下的每一位都向左移动两位，将最右边用 0 填充，相当于让 x 乘以 4。每向左移动一位，都相当于乘以 2。

（5）右移：>>，表示右移操作。$x>>1$ 表示将 x 在二进制下的每一位都向右移动一位，将最右边用符号位填充，将低位舍弃，相当于对 $x/2$ 向 0 取整，3/2=1，(–3)/2=–1。

✏️ 训练 1　旅行商问题

著名的旅行商问题（Traveling Salesman Problem，TSP）指一个旅行商从一个城市出发，经过每个城市一次且只有一次回到原来的地方，要求经过的距离最短。旅行者问题是一个非确定性多项式（NP）难题，目前没有多项式时间的高效算法。若用搜索算法+剪枝优化，则该算法的时间复杂度为 $O(n!)$，若数据量大，则无法通过该算法解决问题，可以尝试通过动态规划解决。

假设已访问的节点集合为 S（将源点 0 当作未被访问的节点，因为从 0 出发，所以要回到 0），当前位置在节点 u。

状态表示：$dp[S][u]$ 表示已访问的节点集合为 S，从节点 u 出发走完所有剩余节点回到源点的最短距离。

状态转移方程：若当前节点 u 的邻接点 v 未被访问，则 $dp[S][u]$ 由两部分组成：第 1 部分是从节点 u 到从节点 v 的边权；第 2 部分是从节点 v 出发走完所有剩余节点再回到源点的最短距离。访问节点 v 后，已访问的节点集合变为 $S \cup \{v\}$，若节点 u 有多个未被访问的邻接点 v，则取最小值。$dp[S][u]=\min\{dp[S \cup \{v\}][v]+d[u][v] \mid v \notin S \}$，如下图所示。

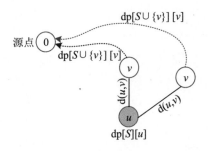

临界条件：dp[(1<<n)−1][0]=0，表示若所有节点都已被访问，则此时已经没有剩余的节点，从节点 0 出发走完所有剩余节点回到源点的最短距离为 0。

以递推方法求解旅行商问题指从临界条件开始枚举每种状态 S，若 u=0 或者节点 u 已被访问，而节点 v 未被访问，则判断能否借助节点 v 更新 dp[S][u]，直到求解出答案 dp[0][0]。时间复杂度为 $O(n^2 2^n)$。

算法代码：

```
void Traveling(){//计算dp[S][u]
    dp[(1<<n)-1][0]=0;//注意：对"1<<n"一定要用括号括起来
    for(int S=(1<<n)-2;S>=0;S--)
      for(int u=0;u<n;u++)
        for(int v=0;v<n;v++){
            if((u!=0&&!(S>>u&1))||g[u][v]==INF) continue; //加约束条件，不加的话
                                                           //状态太多
            if(!(S>>v&1)&&dp[S][u]>dp[S|1<<v][v]+g[u][v]){
                dp[S][u]=dp[S|1<<v][v]+g[u][v];
                path[S][u]=v;//记录后继
            }
        }
}
```

完美图解：

一个有向图如下图所示，求从节点 0 出发经过每个节点一次且只有一次回到节点 0 的最短路径。

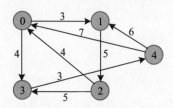

（1）初始条件，dp[(1<<n)−1][0]=0，即 dp[31][0]=0，S 对应的二进制数为 11111，该二进制数从低位到高位分别表示 0~4 是否已被访问，0 表示未被访问，1 表示已被访问。初始时所有节点都已被访问，当前位置在节点 0。

（2）枚举每一种状态，对已被访问的节点集合 S 从 11110 枚举到 00000。当 S=11110 时，节点 0 未被访问，更新以下结果。

- 从节点 2 出发到达节点 0，最短距离为 4，dp[11110][2]=dp[11111][0]+4=4。
- 从节点 4 出发到达节点 0，最短距离为 7，dp[11110][4]=dp[11111][0]+7=7。

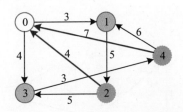

（3）当 *S*=11010 时，节点 0、2 未被访问，更新以下结果。

- 从节点 1 出发经过节点 2 到达节点 0，最短距离为 9，dp[11010][1]=dp[11110][2]+5=9。

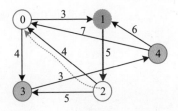

（4）当 *S*=11000 时，节点 0、1、2 未被访问，更新以下结果。

- 从节点 0 出发经过节点 1、2 到达节点 0，最短距离为 12，dp[11000][0]=dp[11010] [1]+3=12。
- 从节点 4 出发经过节点 1、2 到达节点 0，最短距离为 15，dp[11000][4]=dp[11010][1]+6=15。

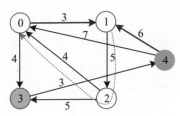

（5）当 *S*=01110 时，节点 0、4 未被访问，更新以下结果。

- 从节点 3 出发经过节点 4 到达节点 0，最短距离为 10，dp[01110][3]=dp[11110][4]+3=10。

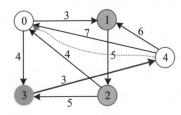

（6）当 *S*=01000 时，节点 0、1、2、4 未被访问，更新以下结果。

- 从节点 3 出发经过节点 4、1、2 到达节点 0，最短距离为 18，dp[01000][3]=

dp[11000][4]+3=18。

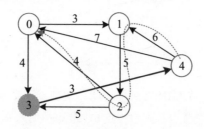

（7）当 S=00110 时，节点 0、3、4 未被访问，更新以下结果。

- 从节点 0 出发经过节点 3、4 到达节点 0，最短距离为 14，dp[00110][0]=dp[01110][3]+4=14。

- 从节点 2 出发经过节点 3、4 到达节点 0，最短距离为 15，dp[00110][2]=dp[01110][3]+5=15。

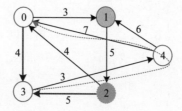

（8）当 S=00010 时，节点 0、2、3、4 未被访问，更新以下结果。

- 从节点 1 出发经过节点 2、3、4 到达节点 0，最短距离为 20，dp[00010][1]=dp[00110][2]+5=20。

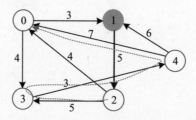

（9）当 S=00000 时，节点 0、1、2、3、4 未被访问，更新以下结果。

- 从节点 0 出发经过节点 1、2、3、4 到达节点 0，最短距离为 23，dp[00000][0]=dp[00010][1]+3=23。

- 从节点 0 出发经过节点 3、4、1、2 到达节点 0，最短距离为 22，dp[00000][0]=dp[01000][3]+4=22。

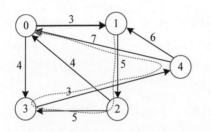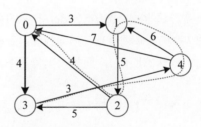

（10）输出最短路径：0→3→4→1→2→0；最短距离为 22。

训练 2 玉米田

题目描述（POJ3254）：约翰购买了由 $m×n$（$1≤m$，$n≤12$）的方格组成的矩形牧场，想在一些方格上种玉米。遗憾的是，有些方格土壤贫瘠，无法种植。约翰在选择种植的方格时，会避免选择相邻的方格，没有两个选定的方格共享一条边。约翰考虑了所有可能的选择，他认为没有选择方格也是一种有效的选择。帮助他选择种植方格的方案数。

输入：第 1 行为以两个空格分隔的整数 m 和 n。后面有 m 行，每行都为 n 个整数，表示一个方格是否肥沃（1 表示肥沃，0 表示贫瘠）。

输出：单行输出选择种植方格的方案数（除以 100 000 000 取余）。

输入样例	输出样例
2 3	9
1 1 1	
0 1 0	

题解：按如下方式对土壤肥沃的方格进行编号，在一个方格上种植有 4 种方案（1、2、3 或 4），在两个方格上种植有 3 种方案（13、14 或 34），在三个方格上种植有 1 种方案（134），还有 1 种方案是在所有方格上都不种植。所以一共有 9 种方案。

```
1  2  3
4
```

本题要求只能选择土壤肥沃的方格进行种植，且任意两个选择的方格都不能相邻。在第 i 行选择方格时，只需考虑与第 $i–1$ 行的状态是否冲突。

1. 算法设计

对每行的状态都用 n 位的二进制数表示，0 表示不选择种植，1 表示选择种植。

状态表示：dp[i][j] 表示第 i 行是第 j 种状态时，前 i 行得到的方案数。当前行的状态可由前一行的状态转移而来。若当前行的状态符合种植要求且与上一行不冲突，则将当前行的方案数累加上一行的方案数。

状态转移方程：dp[i][j]=(dp[i][j]+dp[$i-1$][k])，k 表示第 k 种合理种植状态。第 i 行的第 j 种状态必须合理（横向检测，看横向有没有相邻的种植方格）、匹配性（种植状态与土地状态匹配），而且与上一行不冲突（竖向检测，看竖向有没有相邻的种植方格）。

边界条件：若第 j 种状态与土地状态匹配，则 dp[1][j]=1。

2. 算法实现

（1）预处理地图。预处理结果和原地图表示相反，目的是检测土地状态与种植状态的匹配性。在土地状态中，1 表示贫瘠，0 表示肥沃；在种植状态中，1 表示选择种植，0 表示不选择种植。土地状态和种植状态均为 1 时不匹配。输入样例的预处理结果：cur[1]=000，cur[2]=101。

```
for(int i=1;i<=m;i++){//预处理地图状态，m行n列
    cur[i]=0;
    int num;
    for(int j=1;j<=n;j++){
        scanf("%d",&num);
        if(num==0)  cur[i]+=(1<<(n-j));//贫瘠为1，肥沃为0
    }
}
```

（2）合理性检测：

```
bool check(int x){//判断编号为x的状态的二进制数是否有相邻的1，有则返回0
    if(x&x<<1) return 0;
    return 1;
}
```

（3）记录所有合理状态：

```
void init(){//记录不包含相邻的1的状态编号
    top=0;
    for(int i=0;i<1<<n;i++)//n个格子，2^n种状态
        if(check(i)) state[++top]=i;
}
```

（4）匹配性检测：

```
bool fit(int x,int k){//判断x的种植状态是否与第k行的土地状态匹配（两者均为1时不匹配）
    if(x&cur[k]) return 0;
    return 1;
}
```

（5）求解方案：

```
void solve(){
```

```
for(int j=1;j<=top;j++)//处理第 1 行, 检查每种合理种植状态
    if(fit(state[j],1))//匹配性检测, 种植状态 state[j] 与第 1 行的土地状态匹配
        dp[1][j]=1;
for(int i=2;i<=m;i++){//处理 2~m 行
    for(int j=1;j<=top;j++){//检查每种合理种植状态
        if(!fit(state[j],i)) continue;   //匹配性检测, 种植状态 state[j]
                                         //和第 i 行的土地状态不匹配
        for(int k=1;k<=top;k++){      //冲突检测, 是否与第 i-1 行的种植状态冲突
            if(state[j]&state[k]) continue; //与上一行的种植状态冲突
            dp[i][j]=(dp[i][j]+dp[i-1][k])%mod;
        }
    }
}
}
```

3. 样例求解过程

（1）处理第 1 行（土地状态为 000, 0 表示肥沃, 1 表示贫瘠）: 输入样例共有 5 种合理种植状态（横向没有相邻的 1): state[1]=000, state[2]=001, state[3]=010, state[4]=100, state[5]=101。第 1 行的土地状态与 5 种合理种植状态均匹配（不能种植在贫瘠的土地上）, 第 1 行不需要与上一行做冲突检测, 因此种植方案数 dp[1][j]=1, j=1,2,…,5。

（2）处理第 2 行（土地状态为 101, 0 表示肥沃）。第 2 行的土地状态与两种合理种植状态匹配, 还需要和第 1 行进行冲突检测（竖向没有相邻的 1）。

- state[1]=000: 与第 1 行的 5 种合理种植状态均不冲突, dp[2][1]=5。
- state[3]=010: 与第 1 行的第 3 种合理种植状态冲突, 与其余 4 种合理种植状态不冲突, dp[2][3]=4。

（3）处理完毕, 累加最后一行的结果, 共有 9 种方案。

8.3 动态规划优化

动态规划是解决多阶段决策优化问题的一种方法, 其高效的关键在于减少"冗余", 即减少不必要或重复计算的部分。动态规划在自底向上的求解过程中, 记录了子问题的求解结果, 避免了重复求解子问题, 提高了求解效率。

动态规划的时间复杂度计算公式如下:

时间复杂度=状态总数×每种状态的决策数×每次状态转移所需的时间

可以从以下三方面进行动态规划优化。

（1）减少状态总数: 基本策略包括修改状态表示（状态压缩、倍增优化）及选择适当的动态规划方向（双向动态规划）等。

（2）减少每种状态的决策数：最常见的是通过最优决策单调性进行四边不等式优化和剪枝优化。

（3）减少每次进行状态转移所需的时间：可用预处理、合适的计算方法和数据结构优化。

下面介绍下图所示的 5 种动态规划优化方法中的倍增优化、数据结构优化和单调队列优化。

8.3.1　倍增优化

倍增，顾名思义，指成倍增加。若问题的状态空间特别大，则一步一步递推的算法复杂度太高，可以根据倍增思想，只考察 2 的整数次幂位置，快速缩小求解范围，直到找到所需的解。采用了倍增思想的动态规划优化算法见 2.2 节的训练 1、训练 2。

8.3.2　数据结构优化

可以通过数据结构（二分查找、散列表、线段树、树状数组）优化，解决查找、区间最值、前缀和等问题。

8.3.3　单调队列优化

单调队列是一种特殊的队列，可以在队列两端进行删除操作，并始终维护队列的单调性。单调队列有两种单调性：元素的值严格单调递减或递增，元素的下标严格单调递减或递增。单调队列只可以从队尾入队，但可以从队尾或队头出队。当状态转移为以下两种情况时，考虑优化。

- 状态转移方程形如 $dp[i]=\min\{dp[j]+f[j]\}$，$0 \leqslant j < i$。在这种情况下，下界不变，i 增加 1 时，j 的上界也增加 1，决策的候选集合只扩大、不缩小，仅用一个变量维护最值。用一个变量 val 维护 $[0,i)$ 区间 $dp[j]+f[j]$ 的最小值即可。
- 状态转移方程形如 $dp[i]=\min\{dp[j]+f[j]\}$，$i-a \leqslant j \leqslant i-b$。在这种情况下，$i$ 增加 1 时，j 的上界、下界同时增加 1，在一个新的决策加入候选集时，需要把过时（前面一个超出区间的）的决策从候选集合中删除。例如，当前 j 的范围为

[2,4]，当 i 增加 1 时，j 的范围变为[3,5]，此时 2 已过时（不属于[3,5]区间）。当决策的取值范围的上、下界均单调变化时，每个决策都在候选集合中插入或删除最多一次，可以用一个单调队列维护[$i-a$, $i-b$]区间 dp[j]+f[j]的最小值。

✏️ 训练 1　最长公共上升子序列

题目描述（HDU1423）：若存在 $1 \leqslant i_1 < i_2 < \cdots < i_n \leqslant m$，$1 \leqslant j < n$，使 $S_j = A_{ij}$ 且 $S_j < S_{j+1}$，则称序列$(S_1, S_2, \cdots, S_n)$为$(A_1, A_2, \cdots, A_m)$的上升子序列。若 z 既是 x 的上升子序列，也是 y 的上升子序列，则称 z 是 x 和 y 的公共上升子序列。给定两个整数序列，求两者的最长公共上升子序列的长度。

输入：第 1 行为测试用例数量 t。每个测试用例都包含两个序列，对每个序列都用长度 m（$1 \leqslant m \leqslant 500$）和 m 个整数 a_i（$-2^{31} \leqslant a_i < 2^{31}$）描述。

输出：输出两个序列最长公共上升子序列的长度。

输入样例	输出样例
1	2
5	
1 4 2 5 –12	
4	
–12 1 2 4	

题解：本题属于最长公共上升子序列问题（LCIS），是最长公共子序列（LCS）和最长上升子序列（LIS）的结合，可以通过动态规划解决。

1．算法设计

状态表示：dp[i][j]表示$(a_1, a_2, \cdots, a_i)$和$(b_1, b_2, \cdots, b_j)$的最长公共上升子序列的长度。

状态转移：分为以下两种情况。

- a[i]!=b[j]：两者不相等时，去掉 a[i]无影响，dp[i][j]与 dp[$i-1$][j]相同，dp[i][j]=dp[$i-1$][j]。
- a[i]=b[j]：只需首先在前面找到一个可以将 b[j]接到后面的最长公共子序列，即找到 dp[$i-1$][k]的最大值，然后加 1 即可，dp[i][j]=max(dp[$i-1$][k])+1，$1 \leqslant k < j$ 且 b[k]<b[j]。因为 a[i]=b[j]，所以可以将约束条件修改为 $1 \leqslant k < j$ 且 b[k]<a[i]。

边界条件：dp[i][0]=0; dp[0][j]=0。

求解目标：max(dp[i][j])。

2．算法实现

```
int solve(int *a,int n,int *b,int m){
  ans=0;
  memset(dp,0,sizeof(dp));
```

```
for(int i=1;i<=n;i++)
    for(int j=1;j<=m;j++)
        if(a[i]!=b[j])
            dp[i][j]=dp[i-1][j];
        else{
            int mn=0;
            for(int k=1;k<j;k++)
                if(b[k]<a[i])
                    mn=max(mn,dp[i-1][k]);
            dp[i][j]=mn+1;
            ans=max(dp[i][j],ans);
        }
    return ans;
}
```

该算法有三层循环，时间复杂度为 $O(nm^2)$。

3. 算法优化

在上述状态转移过程中，当 $a[i]=b[j]$ 时，需要首先在前面找到一个最长公共上升子序列，然后将 $b[j]$ 接到后面，其查找过程是可以优化的。把满足 $1 \leqslant k < j$ 且 $b[k] < a[i]$ 的所有 k 组成的集合记为 $S(i, j)$，它是 $dp[i][j]$ 进行状态转移的决策集合。在以上代码的第 2 层 for 循环中，i 是一个定值，因此 $b[k] < a[i]$ 的比较只与 k 相关，因为 $1 \leqslant k < j$，所以当 j 增加 1 时，k 的上界也增加了 1。j 若满足条件，则会被加入新的决策集合，决策集合只扩大、不缩小，此时仅用一个变量 val 维护决策集合，使 $dp[i-1][k]$ 取得最大值即可。

```
int solve(int *a,int n,int *b,int m){
    ans=0;
    memset(dp,0,sizeof(dp));
    for(int i=1;i<=n;i++){
        int val=0;//用val维护决策集合，使dp[i-1][k]取得最大值
        for(int j=1;j<=m;j++){
            if(a[i]!=b[j])
                dp[i][j]=dp[i-1][j];
            else
                dp[i][j]=val+1;
            if(b[j]<a[i])//j满足条件，加入决策集合，更新最值
                val=max(val,dp[i-1][j]);
            ans=max(dp[i][j],ans);
        }
    }
    return ans;
}
```

优化算法减少了最内层循环，时间复杂度为 $O(nm)$。

训练 2　滑动窗口

题目描述（**POJ2823/P1886**）：存在一个有 n（$n \leqslant 10^6$）个元素的数组，以及一个大小为 k 的滑动窗口，将滑动窗口从数组的最左边移动到最右边，只可以在该窗口中看到 k 个数字，滑动窗口每次都向右移动一个位置，请确定滑动窗口在每个位置的最大值和最小值。下面是一个例子，数组是 [1 3 –1 –3 5 3 6 7]，k 是 3。

窗口位置	最大值
[1　3　–1]　–3　5　3　6　7	3
1　[3　–1　–3]　5　3　6　7	3
1　3　[–1　–3　5]　3　6　7	5
1　3　–1　[–3　5　3]　6　7	5
1　3　–1　–3　[5　3　6]　7	6
1　3　–1　–3　5　[3　6　7]	7

输入：第 1 行为整数 n 和 k，分别表示元素数量和滑动窗口的长度；第 2 行为 n 个整数。

输出：第 1 行从左向右分别输出每个窗口中的最小值，第 2 行输出最大值。

输入样例	输出样例
8 3	–1 –3 –3 –3 3 3
1 3 –1 –3 5 3 6 7	3 3 5 5 6 7

题解：$\text{Min}[i]$ 和 $\text{Max}[i]$ 分别表示以 i 结尾的大小为 k 的滑动窗口中的最小值和最大值。

- $\text{Min}[i] = \min\{a_j\}$，$i-k+1 \leqslant j \leqslant i$。
- $\text{Max}[i] = \max\{a_j\}$，$i-k+1 \leqslant j \leqslant i$。

当 i 增加 1 时，j 的上、下界也增加 1，省略 j，用单调队列维护即可。

求解 $\text{Min}[i]$ 时用到了单调队列，保持元素单调递增（队头元素最小），下标递增。求解 $\text{Max}[i]$ 时用到了单调队列，保持元素单调递减（队头元素最大），下标递增。

!注意　在队列中存储的是下标，队头元素最小（最大）指的是队头元素下标对应的元素最小（最大）。

1. 算法设计

求解 $\text{Max}[i]$ 的步骤如下，求解 $\text{Min}[x]$ 的步骤类似。

（1）单调递减的队列，队头元素总是最大的。

（2）若待入队的元素大于队尾元素，则队尾元素出队，直到待入队元素小于或等于队尾元素，或队列为空，然后待入队元素的下标从队尾入队。

（3）若队头元素的下标小于 $i-k+1$，则说明队头元素已过时（不在窗口中），队头元素出队。

因为元素是否过时与其下标有关，所以在队列中存储的是下标，求最值时只需访问队头元素的下标在序列中对应的元素即可得到答案。每个元素的下标最多入队、出队一次，时间复杂度为 $O(n)$。

2. 算法实现

```
void get_min(){
    int st=0,ed=0;
    Q[ed++]=1;
    Min[1]=a[1];
    for(int i=2;i<=n;i++){
        while(st<ed&&a[i]<a[Q[ed-1]])//删除队尾元素
            ed--;
        Q[ed++]=i;          //将下标 i 放入队尾
        while(st<ed&&Q[st]<i-k+1)//删除过时的队头元素
            st++;
        Min[i]=a[Q[st]];
    }
}

void get_max(){
    int st=0,ed=0;
    Q[ed++]=1;
    Max[1]=a[1];
    for(int i=2;i<=n;i++){
        while(st<ed&&(a[i]>a[Q[ed-1]]))
            ed--;
        Q[ed++]=i;
        while(st<ed&&Q[st]<i-k+1)
            st++;
        Max[i]=a[Q[st]];
    }
}
```